新数学講座5 ──── 田村一郎・木村俊房＝編

幾何学

西川青季 著

朝倉書店

まえがき

　図形の性質を研究する数学としての幾何学の歴史は古く，とくにギリシャ時代に集大成されたユークリッド幾何学は，中学校や高等学校で教わることもあってなじみが深い．現代の幾何学の研究には，このユークリッド幾何学だけでなく，その後発展した射影幾何学や非ユークリッド幾何学，あるいは最近も活発に研究が行われている微分幾何学や，位相幾何学，代数幾何学などの分野がある．本書は，われわれに最も身近な図形である曲線を題材に，とくに微分幾何学や位相幾何学の立場からその性質を調べることにより，現代の幾何学における基本的な問題や考え方を紹介することを目的とした入門書である．

　最初に，本書で扱った問題について簡単に触れておこう．まず第 1 章では，位相幾何学（トポロジー）の立場から連続曲線について考察し，閉じた連続曲線のホモトピー類から定義される基本群の性質について解説した．基本群は位相空間に対する最も基本的な不変量であり，なかでも円周の基本群の計算が基本となる．本書では，円周内の閉じた連続曲線に対して定まる回転数を，通常のように直線（被覆空間）へのリフトを用いて定義することをせず，まず滑らかな閉曲線に対して回転数を回転角の積分表示を用いて直接定義し，連続な曲線に対しては滑らかな曲線で近似する方法でその回転数を定義した．このことにより，第 2 章で考察する滑らかな曲線に対する曲率と回転数との関係がより明確になるとともに，20 世紀後半に誕生した微分位相幾何学の考え方の一端

が紹介できると考えたからである．また，基本群の応用としてブラウアーの不動点定理に触れ，それを用いて代数学の基本定理を証明した．

第2章では，微分幾何学の立場から滑らかな曲線の性質について考察した．ユークリッド空間内の滑らかな曲線に対しては，曲率や捩率といった不変量が定義され，平面曲線や空間曲線の局所的形状はフレネ・セレーの公式とよばれる微分方程式系により完全に記述される．しかしながら，例えば平面曲線が凸曲線であるかどうかといった曲線の大域的形状に関わる問題を考察するとき，曲線の微分幾何学的性質はその位相幾何学的性質と深い関わりをもつことになる．

現代の微分幾何学では，このような図形あるいはその一般化としての多様体の局所的性質がその大域的な性質と深く関わりあうような問題の研究，すなわち大域の微分幾何学の研究が主要課題である．本書では，このような大域の微分幾何学の立場からの問題として，平面曲線については閉曲線の回転指数を軸に，単純閉曲線や凸曲線の特徴づけ，等周不等式などについて解説した．また空間曲線については，全曲率に関するフェンヘルの定理や，クロフトンの公式を利用したファリ・ミルナーの定理の証明などを紹介した．このクロフトンの公式は，積分幾何学とよばれる分野の典型的な結果であり，また付録に紹介したフーリエ級数を利用した等周不等式の証明は，最近の大域解析学の立場からの微分幾何学の研究につながるものといえる．

第3章では，第1章および第2章での考察を発展させ，微分位相幾何学（微分トポロジー）の立場から，滑らかな平面閉曲線に対するジョルダンの曲線定理を証明し，閉曲線の回転指数と正則ホモトピーに関するホイットニーの定理について解説した．

このように，本書では曲線のみを考察の対象とし，曲面やその一般化である多様体の幾何学についてはほとんど触れられていない．しかし，本書で考察した問題には，現代の幾何学における多様な研究手段と方法が典型的な形であらわれており，いずれの問題も20世紀における幾何学の研究につねに刺激と活力をあたえ，その発展の原動力となったものである．これらの問題とそこで展

開された幾何学的なものの見方（研究対象へのアプローチの方法）は，今後の幾何学の研究においてもアイディアの源泉となり続けるものと確信される．本書で紹介した結果を通して，多くの読者に幾何学への興味をもっていただければ著者として望外の喜びである．

本書は，著者が九州大学，東北大学，宮城教育大学などで，数学科の2,3年生を対象に講義した内容をもとにまとめたものである．予備知識としては，大学初年次で学ぶ微積分学と線形代数学，および集合と位相に関する基本的な事柄を仮定したが，自習書としても使えるよう説明は簡潔であるよりも，できるだけ丁寧になるよう心がけた．

内容については，曲線の微分幾何学的考察に興味があれば，第1章は§1.3だけを読み，第2章と第3章のみを読むことも可能である．また，曲線の位相幾何学的考察に興味があるのであれば，第1章と第3章のみを読むことも可能である．いずれにしても，適当に話題を選択すれば，数学科の学生向けの講義だけでなく，教職課程のための幾何学の講義や自主ゼミのテキストとしても，1セメスター（半期）で学習できることを念頭において叙述した．

本文中の問については，できるだけ自力で解かれることを勧めるが，章末の問題には本文の補足となっているものも多いので，必要に応じて解答を参照されるとよいと思う．山形大学の上野慶介氏には，原稿を閲読して多くの有益な注意をいただいただけでなく，章末の問題の解答を作っていただいた．ここに記して深く感謝したい．

本書の執筆を引き受けたのは20年も前のことである．この間，遅筆の著者を忍耐強く励まし，原稿の完成を待っていただいた朝倉書店編集部には，多大の迷惑をかけたことをお詫びするとともに心から感謝の意を表したい．

2001年12月

西 川 青 季

目　　次

第1章　曲線のトポロジー……………………………………………… 1
　§1.　道のホモトピー…………………………………………………… 1
　§2.　基本群………………………………………………………………… 9
　§3.　回転数……………………………………………………………… 15
　§4.　円周の基本群……………………………………………………… 24
　§5.　球面の基本群……………………………………………………… 33
　§6.　不動点定理………………………………………………………… 39

第2章　曲線の微分幾何………………………………………………… 46
　§7.　正則な曲線………………………………………………………… 46
　§8.　平面曲線…………………………………………………………… 54
　§9.　回転指数…………………………………………………………… 61
　§10.　凸閉曲線…………………………………………………………… 70
　§11.　等周不等式………………………………………………………… 77
　§12.　空間曲線…………………………………………………………… 83
　§13.　曲線論の基本定理………………………………………………… 93
　§14.　全曲率……………………………………………………………… 102

第 3 章　曲線の微分トポロジー ……………………………………… 120
　§ 15.　ジョルダンの曲線定理 ………………………………………… 120
　§ 16.　正則ホモトピー …………………………………………………… 129

付録 1　微積分学の定理から ……………………………………………… 138
　§ A.　グリーンの公式 …………………………………………………… 138
　§ B.　常微分方程式の初期値問題 …………………………………… 139

付録 2　等周不等式の別証明 ……………………………………………… 142

あとがき ……………………………………………………………………………… 147
問題の解答 ………………………………………………………………………… 151
索　　引 …………………………………………………………………………… 177

第1章

曲線のトポロジー

この章では，位相空間内の連続曲線のホモトピーと，閉じた連続曲線のホモトピー類から定義される基本群の性質について考察する．基本群は位相空間に対する最も基本的な不変量であり，これを調べることにより，たとえば球面（ビーチボール）とトーラス（浮き輪）が同位相でないことを容易に確かめることができる．

§1. 道のホモトピー

X を位相空間とする[†]．閉区間 $[a,b]$ $(a < b)$ 上で定義された連続写像 $\gamma : [a,b] \to X$ を X 内の**連続曲線**あるいは簡単に X の**道**という．また，点 $\gamma(a)$, $\gamma(b)$ をそれぞれ γ の**始点**および**終点**とよび，道 γ は $\gamma(a)$ と $\gamma(b)$ を結ぶという．閉区間 $[a,b]$ は $[0,1]$ と同位相であるから，道 γ の定義域を簡単のために $I = [0,1]$ とすることが多い．このように仮定しても以下の議論で一般性は失われない．

X 内の 2 点 x, y を結ぶ 2 つの道 $\gamma_0, \gamma_1 : I = [0,1] \to X$ を考えよう．$x = \gamma_0(0) = \gamma_1(0), y = \gamma_0(1) = \gamma_1(1)$ である．

定義 1.1. γ_0, γ_1 に対し，連続写像 $F : I \times I \to X$ が次の条件 (i), (ii) をみ

[†] 位相空間の基本的事項については，加藤十吉著「集合と位相」（本講座 3）あるいは一楽重雄著「位相幾何学」（本講座 8）をみるとよい．また，以下 X をとくに n 次元ユークリッド空間 $\boldsymbol{R}^n$ として読み進んでもさしつかえない．

たすとき，$F = F(t,s)$ を道 γ_0 から γ_1 への**ホモトピー**という．

(i) $\quad F(t,0) = \gamma_0(t), \quad F(t,1) = \gamma_1(t), \quad t \in I.$
(ii) $\quad F(0,s) = x, \quad F(1,s) = y, \quad s \in I.$

このようなホモトピー F が存在するとき，γ_0 と γ_1 は（端点 x, y を止めて）**ホモトープ**であるといい，記号で $\gamma_0 \simeq \gamma_1$ とあらわす．

道 γ_0 から γ_1 へのホモトピー $F = F(t,s)$ に対し，$\gamma_s(t) = F(t,s)$ とおくと，γ_s は各 s に対して x と y を結ぶ道 $\gamma_s : I \to X$ を定義する．γ_0 と γ_1 がホモトープであるとき，このようにしてえられる道の族 $\{\gamma_s \mid s \in I\}$ によって，γ_0 は γ_1 まで道の両端を止めたまま連続的に変形できる（図 1）．ホモトピー $F(t,s)$ の s に関する連続性が，このような変形の連続性を意味していることに注意しておこう．

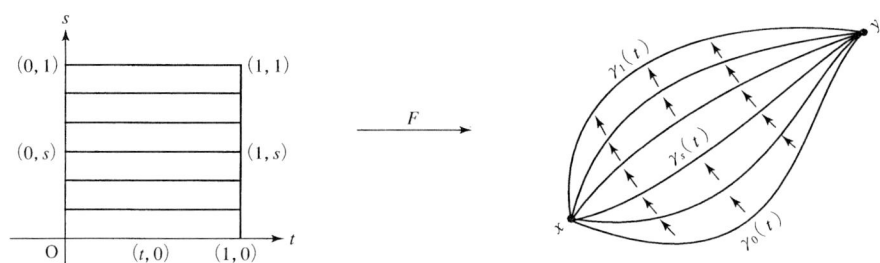

図 1

X の 2 点 x, y に対して，x と y を結ぶ X の道全体を $\Omega(X, x, y)$ であらわすとき，道の間のホモトープという関係 $\simeq$ は $\Omega(X, x, y)$ における同値関係である．すなわち，$\gamma_0 \simeq \gamma_0$ であり，$\gamma_0 \simeq \gamma_1$ ならば $\gamma_1 \simeq \gamma_0$，また $\gamma_0 \simeq \gamma_1$ かつ $\gamma_1 \simeq \gamma_2$ ならば $\gamma_0 \simeq \gamma_2$ がなりたつ．

問 1.1. このことを確かめよ．

道 $\gamma \in \Omega(X, x, y)$ に対して，同値関係 $\simeq$ による γ の同値類を $[\gamma]$ であらわし，γ の**ホモトピー類**とよぶ．すなわち，ホモトピー類 $[\gamma]$ とは γ とホモトー

プな道 $\gamma' \in \Omega(X, x, y)$ のなす集合

$$[\gamma] = \{\gamma' \in \Omega(X, x, y) \mid \gamma' \simeq \gamma\}$$

であり，$\Omega(X, x, y)$ はこのようなホモトピー類によって類別される．

さて $\gamma', \gamma'' : I \to X$ を X の道とし，$\gamma'(1) = \gamma''(0)$，すなわち γ' の終点と γ'' の始点が一致しているとする．このとき，γ' と γ'' をつないだ道 $\gamma : I \to X$ が次の式で定義される．

(1.1) $$\gamma(t) = \begin{cases} \gamma'(2t), & t \in [0, 1/2] \\ \gamma''(2t-1), & t \in [1/2, 1]. \end{cases}$$

この γ を道 γ' と γ'' の**積**あるいは**合成**といい，記号で $\gamma = \gamma' \cdot \gamma''$ とあらわす（図 2）[†]．

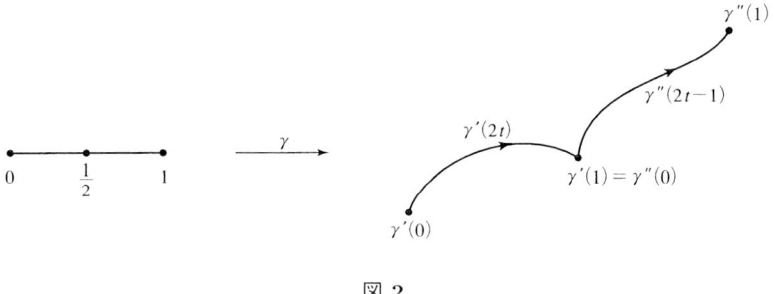

図 2

問 1.2. 上の $\gamma = \gamma' \cdot \gamma'' : I \to X$ が連続写像になることを確かめよ．

問 1.3. 一般に X, Y を位相空間とし，A, B を X の閉集合とする．写像 $f : A \cup B \to Y$ に対し，制限 $f|A : A \to Y, f|B : B \to Y$ がともに連続写像ならば，f も連続写像であることを証明せよ．

命題 1.1. $\gamma_0', \gamma_0'', \gamma_1', \gamma_1''$ を X の道とする．このとき，$\gamma_0' \simeq \gamma_1', \gamma_0'' \simeq \gamma_1''$ かつ $\gamma_0'(1) = \gamma_0''(0)$ ならば，積 $\gamma_0' \cdot \gamma_0''$ と $\gamma_1' \cdot \gamma_1''$ が定義されて $\gamma_0' \cdot \gamma_0'' \simeq \gamma_1' \cdot \gamma_1''$ がなりたつ．

[†] $\gamma' \cdot \gamma''$ は写像の合成ではない．また積の順序に注意すること．

証明 仮定のもとに，積 $\gamma'_0 \cdot \gamma''_0$, $\gamma'_1 \cdot \gamma''_1$ が定義されることは明らかであろう．γ'_0 から γ'_1 へのホモトピーを F'，γ''_0 から γ''_1 へのホモトピーを F'' とする．このとき，写像 $F: I \times I \to X$ を

$$F(t,s) = \begin{cases} F'(2t, s), & t \in [0, 1/2] \\ F''(2t-1, s), & t \in [1/2, 1] \end{cases}$$

と定義すると，F は $\gamma'_0 \cdot \gamma''_0$ から $\gamma'_1 \cdot \gamma''_1$ へのホモトピーをあたえる（図3）．したがって，$\gamma'_0 \cdot \gamma''_0 \simeq \gamma'_1 \cdot \gamma''_1$ がなりたつ． □

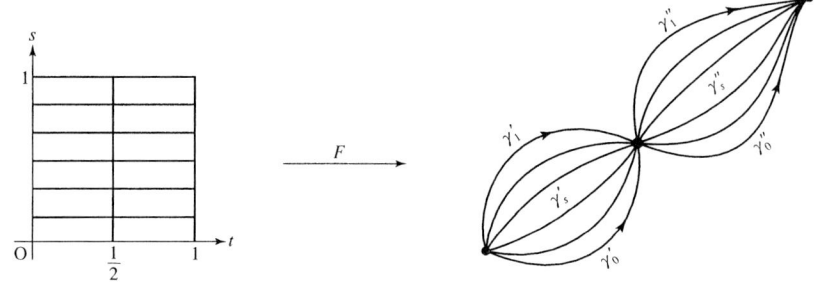

図 3

命題 1.1 は，ホモトープという関係 $\simeq$ が，道の積 $\cdot$ と両立していることを意味する．そこでホモトピー類の積を次のように定義しよう．

定義 1.2. γ', γ'' を X の道とし，$\gamma'(1) = \gamma''(0)$ とする．このとき，道の積 $\gamma = \gamma' \cdot \gamma''$ の属するホモトピー類 $[\gamma]$ をホモトピー類 $[\gamma']$ と $[\gamma'']$ の積といい，記号で $[\gamma'] \cdot [\gamma'']$ とあらわす．すなわち，

$$[\gamma'] \cdot [\gamma''] = [\gamma' \cdot \gamma'']$$

と定義する．

このように定義してもよいのは，ホモトピー類 $[\gamma']$, $[\gamma'']$ を代表する元 γ', γ'' のとり方をかえても，命題 1.1 によりホモトピー類の積 $[\gamma'] \cdot [\gamma'']$ は道 $\gamma' \cdot \gamma''$ のホモトピー類として一意的に定まるからである．

§1. 道のホモトピー 5

命題 1.2. ホモトピー類の積・は結合法則をみたす．すなわち，それぞれの積が定義できるとき

(1.2) $$([\gamma] \cdot [\gamma']) \cdot [\gamma''] = [\gamma] \cdot ([\gamma'] \cdot [\gamma''])$$

がなりたつ．

証明 定義 1.2 から，(1.2) は $[\gamma \cdot \gamma'] \cdot [\gamma''] = [\gamma] \cdot [\gamma' \cdot \gamma'']$ と，したがってまた $[(\gamma \cdot \gamma') \cdot \gamma''] = [\gamma \cdot (\gamma' \cdot \gamma'')]$ と同値であるから，結局道の積について

(1.3) $$(\gamma \cdot \gamma') \cdot \gamma'' \simeq \gamma \cdot (\gamma' \cdot \gamma'')$$

がなりたつことをみればよい．

$\gamma, \gamma', \gamma'' : I \to X$ を X の道とし，$\gamma(1) = \gamma'(0), \gamma'(1) = \gamma''(0)$ とする．このとき，積の定義式 (1.1) より，道 $(\gamma \cdot \gamma') \cdot \gamma'' : I \to X$ は

$$(\gamma \cdot \gamma') \cdot \gamma''(t) = \begin{cases} \gamma(4t), & t \in [0, 1/4] \\ \gamma'(4t - 1), & t \in [1/4, 1/2] \\ \gamma''(2t - 1), & t \in [1/2, 1] \end{cases}$$

であたえられる．同様に道 $\gamma \cdot (\gamma' \cdot \gamma'') : I \to X$ は

$$\gamma \cdot (\gamma' \cdot \gamma'')(t) = \begin{cases} \gamma(2t), & t \in [0, 1/2] \\ \gamma'(4t - 2), & t \in [1/2, 3/4] \\ \gamma''(4t - 3), & t \in [3/4, 1] \end{cases}$$

であたえられる．$(\gamma \cdot \gamma') \cdot \gamma''$ と $\gamma \cdot (\gamma' \cdot \gamma'')$ はともに $\gamma, \gamma', \gamma''$ をこの順につないでえられる道であるが，道筋は同じでも点の動き方が異なっているわけである．

このことに注意して，写像 $F : I \times I \to X$ を

$$F(t, s) = \begin{cases} \gamma\left(\dfrac{4t}{1+s}\right), & t \in \left[0, \dfrac{1+s}{4}\right] \\ \gamma'(4t - (1+s)), & t \in \left[\dfrac{1+s}{4}, \dfrac{2+s}{4}\right] \\ \gamma''\left(\dfrac{4t - (2+s)}{2-s}\right), & t \in \left[\dfrac{2+s}{4}, 1\right] \end{cases}$$

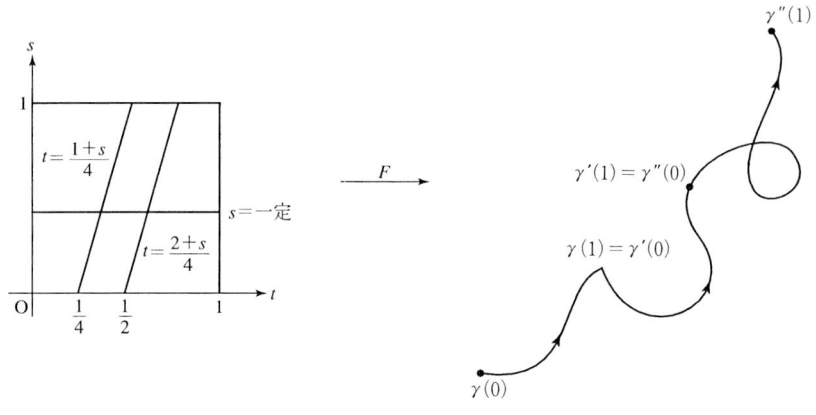

図 4

と定義すると，F は $(\gamma \cdot \gamma') \cdot \gamma''$ から $\gamma \cdot (\gamma' \cdot \gamma'')$ への求めるホモトピーをあたえることが容易に確かめられる（図 4）．したがって，(1.3) がなりたつ． □

問 1.4. このことを確かめよ．

道 $\gamma : I \to X$ の像が 1 点 x になるとき，この γ を x に値をとる**定値の道**といい，e_x であらわす．すなわち，定値の道 $e_x : I \to X$ とは始めから終わりまで定点 x に留まる道である．また，任意の道 $\gamma : I \to X$ に対して

$$(1.4) \qquad \gamma^{-1}(t) = \gamma(1-t), \quad t \in I$$

とおいてえられる道 $\gamma^{-1} : I \to X$ を γ の**逆の道**という．γ の逆の道 γ^{-1} とは γ を逆方向にたどる道に他ならない（図 5）．γ^{-1} の逆の道 $(\gamma^{-1})^{-1}$ がもとの γ に一致することは，定義式 (1.4) から明らかであろう．

命題 1.3. $\gamma : I \to X$ を X の道とし，$\gamma(0) = x, \gamma(1) = y$ とする．このとき次がなりたつ．

(1) $\quad [e_x] \cdot [\gamma] = [\gamma], \quad [\gamma] \cdot [e_y] = [\gamma].$

(2) $\quad [\gamma] \cdot [\gamma^{-1}] = [e_x], \quad [\gamma^{-1}] \cdot [\gamma] = [e_y].$

§1. 道のホモトピー

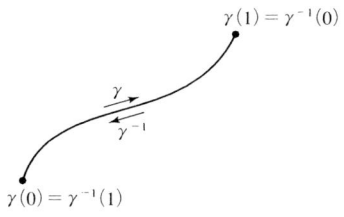

図 5

証明 (1) 道の積について $e_x \cdot \gamma \simeq \gamma, \gamma \cdot e_y \simeq \gamma$ がなりたつことをみればよい．たとえば，$e_x \cdot \gamma$ から γ へのホモトピー $F : I \times I \to X$ は次の式であたえられる（図 6）．

$$F(t,s) = \begin{cases} x, & t \in \left[0, \dfrac{1-s}{2}\right] \\ \gamma\left(\dfrac{2t-(1-s)}{1+s}\right), & t \in \left[\dfrac{1-s}{2}, 1\right]. \end{cases}$$

$\gamma \cdot e_y$ から γ へのホモトピーも同様にしてあたえられる．

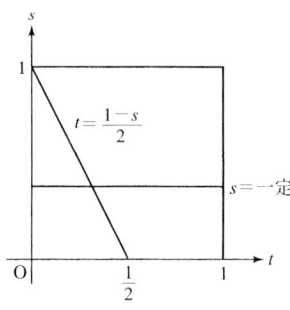

図 6

(2) この場合も $\gamma \cdot \gamma^{-1} \simeq e_x, \gamma^{-1} \cdot \gamma \simeq e_y$ がなりたつことをみればよい．たとえば，$\gamma \cdot \gamma^{-1}$ から e_x へのホモトピー $F : I \times I \to X$ を次の式であたえる

ことができる(図7).

$$F(t,s) = \begin{cases} \gamma(2t), & t \in \left[0, \dfrac{1-s}{2}\right] \\ \gamma(1-s), & t \in \left[\dfrac{1-s}{2}, \dfrac{1+s}{2}\right] \\ \gamma^{-1}(2t-1) = \gamma(2-2t), & t \in \left[\dfrac{1+s}{2}, 1\right]. \end{cases}$$

$\gamma^{-1} \cdot \gamma$ から e_y へのホモトピーも同様にしてあたえることができる. □

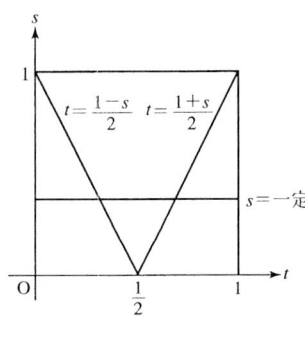

図 **7**

問 1.5. ホモトピー $\gamma \cdot e_y \simeq \gamma$, $\gamma^{-1} \cdot \gamma \simeq e_y$ を構成してみよ.

例題 1.1. $\gamma_0, \gamma_1 : I \to X$ を X の道とし, $\gamma_0(0) = \gamma_1(0) = x$, $\gamma_0(1) = \gamma_1(1) = y$ とする. このとき
 (1) $\gamma_0 \simeq \gamma_1$ ならば $\gamma_0^{-1} \simeq \gamma_1^{-1}$ である.
 (2) $\gamma_0 \simeq \gamma_1$ であるための必要十分条件は $\gamma_0 \cdot \gamma_1^{-1} \simeq e_x$ $(\gamma_0^{-1} \cdot \gamma_1 \simeq e_y)$ となることである.

解 (1) γ_0 から γ_1 へのホモトピー $F : I \times I \to X$ に対して, $F'(t,s) = F(1-t,s)$ とおけば γ_0^{-1} から γ_1^{-1} へのホモトピー $F' : I \times I \to X$ がえられる.
 (2) $\gamma_0 \simeq \gamma_1$ ならば $[\gamma_0] = [\gamma_1]$ であるから, 命題 1.3 により $[\gamma_0] \cdot [\gamma_1^{-1}] = [\gamma_1] \cdot [\gamma_1^{-1}] = [e_x]$. よって $\gamma_0 \cdot \gamma_1^{-1} \simeq e_x$ となる. 逆に $\gamma_0 \cdot \gamma_1^{-1} \simeq e_x$ とすれば

$[\gamma_0] \cdot [\gamma_1^{-1}] = [e_x]$ であるから,命題 1.2 と命題 1.3 に注意して $[\gamma_0] = [\gamma_0] \cdot [e_y] = [\gamma_0] \cdot ([\gamma_1^{-1}] \cdot [\gamma_1]) = ([\gamma_0] \cdot [\gamma_1^{-1}]) \cdot [\gamma_1] = [e_x] \cdot [\gamma_1] = [\gamma_1]$. すなわち $\gamma_0 \simeq \gamma_1$ となる. □

§2. 基 本 群

X を位相空間とする. X の道 $\gamma : I = [0,1] \to X$ で始点と終点が一致するもの,すなわち $\gamma(0) = \gamma(1)$ となるものを X の**閉じた道**あるいは**ループ**といい,点 $x = \gamma(0) = \gamma(1)$ を閉じた道 γ の**基点**とよぶ. $x \in X$ を基点とする閉じた道全体の集合を $\Omega(X, x)$ であらわすとき,任意の 2 元 $\gamma, \gamma' \in \Omega(X, x)$ に対して, (1.1) で定義される γ と γ' の積 $\gamma \cdot \gamma'$ は,また x を基点とする閉じた道 $\gamma \cdot \gamma' \in \Omega(X, x)$ をあたえる(図 8).

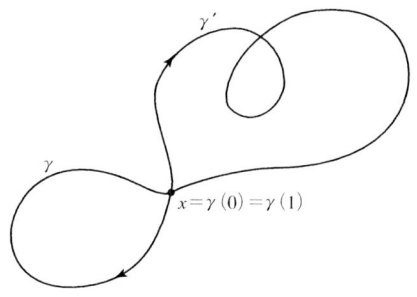

図 8

道の間のホモトープという関係 $\simeq$ は,とくに閉じた道の集合 $\Omega(X, x)$ における同値関係でもある. $\Omega(X, x)$ の $\simeq$ による同値類の集合,すなわち $\Omega(X, x)$ の同値関係 $\simeq$ による商集合 $\Omega(X, x)/\simeq$ を考えよう. $\Omega(X, x)/\simeq$ は x を基点とする閉じた道 $\gamma \in \Omega(X, x)$ のホモトピー類 $[\gamma]$ のなす集合に他ならない:

$$\Omega(X, x)/\simeq \ = \{[\gamma] \mid \gamma \in \Omega(X, x)\}.$$

したがって $\Omega(X, x)/\simeq$ には,定義 1.2 のようにして,ホモトピー類の間の積 $\cdot$ が自然に定義される. この積 $\cdot$ に関して,命題 1.2 と命題 1.3 から,次の定理が成立することがわかる.

定理 2.1. $\Omega(X,x)/\simeq$ は積演算・に関して群をなす[†]．すなわち，閉じた道のホモトピー類は積・について次の性質をみたす．
(1) 任意の $\gamma, \gamma', \gamma'' \in \Omega(X,x)$ に対して
$$([\gamma] \cdot [\gamma']) \cdot [\gamma''] = [\gamma] \cdot ([\gamma'] \cdot [\gamma'']). \qquad \text{（結合法則）}$$
(2) 任意の $\gamma \in \Omega(X,x)$ と x に値をとる定値の道 e_x に対して
$$[\gamma] \cdot [e_x] = [\gamma], \quad [e_x] \cdot [\gamma] = [\gamma].$$
(3) 任意の $\gamma \in \Omega(X,x)$ と γ の逆の道 $\gamma^{-1} \in \Omega(X,x)$ に対して
$$[\gamma] \cdot [\gamma^{-1}] = [e_x], \quad [\gamma^{-1}] \cdot [\gamma] = [e_x].$$

定義 2.1. 商集合 $\Omega(X,x)/\simeq$ に定理 2.1 における群構造を考えたものを（点 x を基点とする）X の**基本群**といい，記号で $\pi_1(X,x)$ とあらわす．

基本群 $\pi_1(X,x)$ における積・についても，結合法則がなりたつから実数の積の場合と同様に括弧をはずして，単に $[\gamma] \cdot [\gamma'] \cdot [\gamma'']$ などと書いてよい．定理 2.1 の性質 (2) は，定値の道 e_x のホモトピー類 $[e_x]$ が群 $\pi_1(X,x)$ での単位元 e の役割を果たすことを示している．この意味で，$e = [e_x]$ に属する道，すなわち定値の道 e_x とホモトープな閉じた道を**零ホモトープ**な道とよぶことも多い．また，定理 2.1 の性質 (3) は，$[\gamma] \in \pi_1(X,x)$ の逆元 $[\gamma]^{-1}$ が逆の道 γ^{-1} のホモトピー類 $[\gamma^{-1}]$ であたえられることを意味している．すなわち，$[\gamma]^{-1} = [\gamma^{-1}]$ がなりたつ．

問 2.1. 集合 $\Omega(X,x)$ においても，閉じた道の積・について，任意の $\gamma, \gamma' \in \Omega(X,x)$ に対して $\gamma \cdot \gamma', \gamma^{-1} \in \Omega(X,x)$ がなりたつが，$\Omega(X,x)$ はこの演算に関して群にはならない．なぜか．

一般に，位相空間 X の 2 点 x, y について，これらを結ぶ道が存在するとき $x \sim y$ と定義すると，これは X の同値関係を定める．この同値関係 $\sim$ による同値類を X の**弧状連結成分**という．X の弧状連結成分がただ 1 つのとき，すなわち X の任意の 2 点 x, y に対して x と y を結ぶ道が存在するとき，X は**弧状連結**であるという．

[†] 群の基本的事項については，永尾 汎著「代数学」（本講座 4）をみるとよい．

問 2.2. 関係 $\sim$ が X における同値関係を定めることを確かめよ．また弧状連結な位相空間は連結であることを示せ．

$\gamma \in \Omega(X, x)$ を点 x を基点とする閉じた道とすると，γ の像は明らかに x を含む X の弧状連結成分に含まれる．ゆえに X の基本群 $\pi_1(X, x)$ は，実は点 x を含む X の弧状連結成分に対して定まっているといえる．したがって基本群を考える位相空間 X は，はじめから弧状連結と仮定するのが自然であろう．このとき次の定理がなりたつ．

定理 2.2. X を弧状連結な位相空間とする．X の任意の 2 点 x, y に対して，それらを基点とする基本群の間に群同型 $\pi_1(X, x) \simeq \pi_1(X, y)$ がなりたつ．

証明 X は弧状連結であるから，任意の 2 点 $x, y \in X$ に対して x と y を結ぶ道 $l : I \to X$ が存在する．x を基点とする閉じた道 $\gamma \in \Omega(X, x)$ に対して，道の積 $l^{-1} \cdot \gamma \cdot l$ は y を基点とする閉じた道をあたえることに注意して，写像 $l_* : \pi_1(X, x) \to \pi_1(X, y)$ を

$$l_*([\gamma]) = [l^{-1} \cdot \gamma \cdot l]$$

と定義する（図 9 左）．命題 1.1 により，$[\gamma] = [\gamma']$ のとき $[l^{-1} \cdot \gamma \cdot l] = [l^{-1} \cdot \gamma' \cdot l]$ となるから，l_* はホモトピー類 $[\gamma]$ の代表元のとり方によらずに矛盾なく定義される．同様にして，写像 $(l^{-1})_* : \pi_1(X, y) \to \pi_1(X, x)$ を

$$(l^{-1})_*([\gamma]) = [l \cdot \gamma \cdot l^{-1}]$$

で定義することができる（図 9 右）．

定義より，l_* と $(l^{-1})_*$ は基本群の間の準同型写像をあたえる．実際，命題 1.3 により，任意の $[\gamma], [\gamma'] \in \pi_1(X, x)$ に対して

$$\begin{aligned}
l_*([\gamma] \cdot [\gamma']) &= l_*([\gamma \cdot \gamma']) = [l^{-1} \cdot (\gamma \cdot \gamma') \cdot l] \\
&= [l^{-1}] \cdot [\gamma] \cdot [e_x] \cdot [\gamma'] \cdot [l] = ([l^{-1}] \cdot [\gamma] \cdot [l]) \cdot ([l^{-1}] \cdot [\gamma'] \cdot [l]) \\
&= [l^{-1} \cdot \gamma \cdot l] \cdot [l^{-1} \cdot \gamma' \cdot l] = l_*([\gamma]) \cdot l_*([\gamma'])
\end{aligned}$$

がなりたつ．$(l^{-1})_*$ についても同様である．

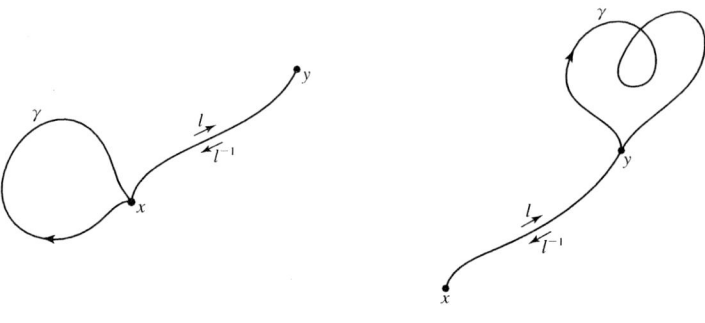

図 9

一方，写像 l_* と $(l^{-1})_*$ の合成について
$$(l^{-1})_* \circ l_* = \mathrm{id}_{\pi_1(X,x)} : \pi_1(X,x) \to \pi_1(X,x),$$
$$l_* \circ (l^{-1})_* = \mathrm{id}_{\pi_1(X,y)} : \pi_1(X,y) \to \pi_1(X,y)$$
がなりたつ．実際，命題 1.3 により，任意の $[\gamma] \in \pi_1(X,x)$ に対して
$$(l^{-1})_* \circ l_*([\gamma]) = (l^{-1})_*([l^{-1}] \cdot [\gamma] \cdot [l])$$
$$= [l] \cdot [l^{-1}] \cdot [\gamma] \cdot [l] \cdot [l^{-1}] = [e_x] \cdot [\gamma] \cdot [e_x] = [\gamma]$$
となる．$l_* \circ (l^{-1})_*$ についても同様である．

したがって，準同型写像 l_* と $(l^{-1})_*$ は互いに他の逆写像（すなわち $(l_*)^{-1} = (l^{-1})_*$）となり，結局
$$l_* : \pi_1(X,x) \to \pi_1(X,y)$$
は同型写像であることがわかる． □

定理 2.2 により，X が弧状連結ならば基本群 $\pi_1(X,x)$ の群構造は基点のとり方によらないことがわかる．したがって，とくに基点のとり方を示す必要のないときは，この群を単に $\pi_1(X)$ と書き，X の**基本群**とよぶ．

以後，X は弧状連結であるとし，X の 1 点 x と X の組 (X,x) を**基点の定められた空間**とよぶ．また，(X,x) と (Y,y) が基点の定められた空間のとき，基点 x を基点 y に写す連続写像 $f: X \to Y$ を簡単に $f: (X,x) \to (Y,y)$ と書くことにしよう．

命題 2.1. 連続写像 $f:(X,x) \to (Y,y)$ に対し，基本群の間の準同型写像

$$f_* : \pi_1(X,x) \to \pi_1(Y,y)$$

が定まる．

証明 点 x を基点とする閉じた道 $\gamma \in \Omega(X,x)$ に対して，合成写像 $f \circ \gamma$ は点 y を基点とする閉じた道をあたえることに注意して，写像 $f_* : \pi_1(X,x) \to \pi_1(Y,y)$ を

$$f_*([\gamma]) = [f \circ \gamma]$$

と定義する．この式で f_* が矛盾なく定義されるためには，定義式が代表元のとり方によらないこと，すなわち $[\gamma] = [\gamma'] \in \pi_1(X,x)$ ならば $[f \circ \gamma] = [f \circ \gamma'] \in \pi_1(Y,y)$ がなりたつことを確かめなければならない．実際 $[\gamma] = [\gamma']$ とすると，定義より γ から γ' へのホモトピー $F : I \times I \to X$ が存在する．このとき F と f の合成 $f \circ F : I \times I \to Y$ は，$f \circ \gamma$ から $f \circ \gamma'$ へのホモトピーをあたえる．(定義 1.1 の条件 (i), (ii) を確かめればよい．) したがって $[f \circ \gamma] = [f \circ \gamma']$ がなりたち，f_* は矛盾なく定義される．

一方，$\gamma, \gamma' \in \Omega(X,x)$ の積 $\gamma \cdot \gamma'$ に対して，$f \circ (\gamma \cdot \gamma') = (f \circ \gamma) \cdot (f \circ \gamma') \in \Omega(Y,y)$ であるから，任意の $[\gamma], [\gamma'] \in \pi_1(X,x)$ に対して

$$\begin{aligned} f_*([\gamma] \cdot [\gamma']) &= f_*([\gamma \cdot \gamma']) = [f \circ (\gamma \cdot \gamma')] \\ &= [f \circ \gamma] \cdot [f \circ \gamma'] = f_*([\gamma]) \cdot f_*([\gamma']) \end{aligned}$$

がなりたつ．よって f_* は準同型写像である． □

定義 2.2. 命題 2.1 でえられた準同型写像 $f_* : \pi_1(X,x) \to \pi_1(Y,y)$ を連続写像 $f : (X,x) \to (Y,y)$ から**誘導された準同型写像**という．

例題 2.1. (1) 恒等写像 $\mathrm{id}_X : (X,x) \to (X,x)$ から誘導された準同型写像 $(\mathrm{id}_X)_*$ は，基本群の間の恒等写像 $\mathrm{id}_{\pi_1(X,x)} : \pi_1(X,x) \to \pi_1(X,x)$ である．

(2) 連続写像 $f : (X,x) \to (Y,y)$, $g : (Y,y) \to (Z,z)$ の合成 $g \circ f$ から誘導された準同型写像 $(g \circ f)_*$ は，f, g から誘導された準同型写像 f_*, g_* の合成 $g_* \circ f_* : \pi_1(X,x) \to \pi_1(Z,z)$ である．すなわち $(g \circ f)_* = g_* \circ f_*$ がなりたつ．

解 (1) は明らかであろう．(2) の証明も容易である．実際，任意の $[\gamma] \in \pi_1(X, x)$ に対して，$(g \circ f)_*([\gamma]) = [(g \circ f) \circ \gamma] = [g \circ (f \circ \gamma)] = g_*([f \circ \gamma]) = g_*(f_*[\gamma]) = (g_* \circ f_*)([\gamma])$ となる． □

以上の考察によって，基点の定められた空間 (X, x) という幾何学的対象が基本群 $\pi_1(X, x)$ という代数的対象に転換され，これらの空間の間の連続写像が基本群の間の準同型写像に転換されることがわかった．このとき，次の事実は重要である．

定理 2.3. 弧状連結な位相空間 X と Y が同位相ならば，その基本群は同型である．すなわち
$$\pi_1(X) \simeq \pi_1(Y)$$
がなりたつ．

証明 仮定より X と Y は同位相であるから，同相写像 $f : X \to Y$ が存在する．任意に $x \in X$ を固定し $y = f(x)$ とおくと，f は基点の定められた空間の間の同相写像 $f : (X, x) \to (Y, y)$ をあたえる．f の逆写像 $f^{-1} : (Y, y) \to (X, x)$ も同相写像であり，$f^{-1} \circ f = \mathrm{id}_X$, $f \circ f^{-1} = \mathrm{id}_Y$ がなりたつ．したがって，例題 2.1 の結果より
$$(f^{-1})_* \circ f_* = (f^{-1} \circ f)_* = (\mathrm{id}_X)_* = \mathrm{id}_{\pi_1(X,x)},$$
$$f_* \circ (f^{-1})_* = (f \circ f^{-1})_* = (\mathrm{id}_Y)_* = \mathrm{id}_{\pi_1(Y,y)}$$
をえる．よって f_* と $(f^{-1})_*$ は互いに他の逆写像（すなわち $(f_*)^{-1} = (f^{-1})_*$）となり，結局
$$f_* : \pi_1(X, x) \to \pi_1(Y, y)$$
は同型写像となる． □

定理 2.3 の事実を，**基本群の位相不変性**という．この意味で，基本群 $\pi_1(X)$ は空間 X の位相的性質を反映する群であると考えられる．

問 2.3. 位相空間 X と Y が同位相のとき $X \approx Y$ と定めると，関係 $\approx$ は位相空間の間の同値関係であることを証明せよ．

§3. 回　　転　　数

この節では，X として 2 次元ユークリッド空間 $\boldsymbol{R}^2$ 内の単位円周

$$S^1 = \{(x_1, x_2) \in \boldsymbol{R}^2 \mid x_1^2 + x_2^2 = 1\}$$

をとり，S^1 の閉じた道について考えよう．基点は点 $x_0 = (1,0) \in S^1$ にとっておく．このとき x_0 を基点とする S^1 の閉じた道 $\gamma \in \Omega(S^1, x_0)$ は，x_0 を出て x_0 にもどる間に S^1 を何回かまわる．この回数を γ の回転数とよぶことにすると，2 つの閉じた道 γ と γ' がホモトープならば，両者の回転数は一致することがわかる．このことを，まず $\gamma, \gamma' \in \Omega(S^1, x_0)$ が S^1 の滑らかな閉じた道である場合について確かめてみよう．

最初に S^1 の滑らかな閉じた道を定義しよう．$\alpha \in \Omega(S^1, x_0)$ を x_0 を基点とする S^1 の閉じた道とする．すなわち，α は $\alpha(0) = \alpha(1) = x_0$ であるような連続写像 $\alpha : I = [0,1] \to S^1$ である．各 $t \in I$ に対して，$\alpha(t) \in S^1 \subset \boldsymbol{R}^2$ は $\boldsymbol{R}^2$ の座標を用いて

$$\alpha(t) = (x_1(t), x_2(t)), \quad x_1(t)^2 + x_2(t)^2 = 1$$

とあらわすことができる．α が連続写像であることは，このようにしてえられる関数 $x_1, x_2 : I \to \boldsymbol{R}$ がそれぞれ連続であることに他ならない．とくに，$x_1(t), x_2(t)$ が開区間 $(0,1)$ 上で C^∞ 級関数，すなわち無限回連続微分可能な関数であるとき，α を x_0 を基点とする S^1 の**滑らかな閉じた道**とよぶ．

$\alpha \in \Omega(S^1, x_0)$ を x_0 を基点とする S^1 の滑らかな閉じた道としよう．一般に，$x_1(t)^2 + x_2(t)^2 = 1$ をみたす点 $\alpha(t) = (x_1(t), x_2(t)) \in S^1$ に対して

$$x_1(t) = \cos\theta(t), \quad x_2(t) = \sin\theta(t)$$

となる実数 $\theta(t) \in \boldsymbol{R}$ が存在する．このような $\theta(t)$ は，点 $\alpha(t) \in S^1$ と原点 $0 \in \boldsymbol{R}^2$ を結ぶ線分と x_1 軸の正方向がなす角度をあらわすわけだが，図 10 にみられるように，点 $\alpha(t) \in S^1$ を決めても角度 $\theta(t)$ の方は 2π の整数倍だけの不定性をもつ．

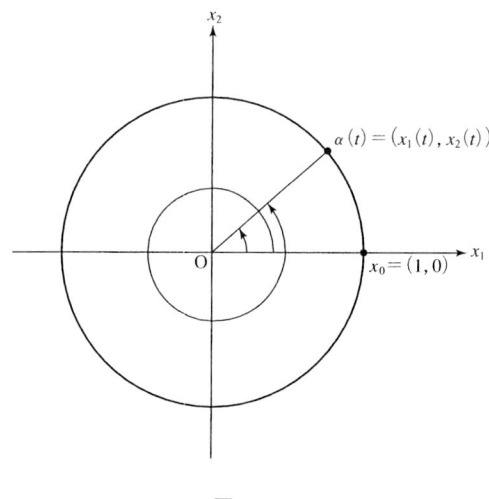

図 10

　角度 $\theta(t)$ の値をたとえば $0 \leq \theta(t) < 2\pi$ に制限すれば，このような不定性はなくなるが，その場合には点 $\alpha(t) \in S^1$ が x_1 軸の正方向を通過するとき，点 $\alpha(t)$ の運動が連続的であっても，対応する角度 $\theta(t)$ の方は連続関数とはならない．そこで，このような不都合さを取り除くために，点 $\alpha(t) = (x_1(t), x_2(t)) \in S^1$ の回転角 $\theta(t)$ を次のように定義しよう．

定義 3.1. $\alpha : I = [0,1] \to S^1 \subset \mathbf{R}^2$ を $x_0 = (1,0) \in S^1$ を基点とする滑らかな閉じた道とする．$t \in I$ に対して，点 $\alpha(t) \in S^1$ を

$$\alpha(t) = (x_1(t), x_2(t)), \quad x_1(t)^2 + x_2(t)^2 = 1$$

とあらわすとき

(3.1) $$\theta(t) = \int_0^t (x_1(u) x_2'(u) - x_1'(u) x_2(u))\, du$$

で定まる実数 $\theta(t) \in \mathbf{R}$ を $\alpha(t)$ の**回転角**という．

　$x_1(u) \neq 0$ のとき，(3.1) の被積分関数に関して

$$x_1(u) x_2'(u) - x_1'(u) x_2(u) = \left[\arctan \frac{x_2(u)}{x_1(u)} \right]'$$

がなりたつから，定義式 (3.1) は $\alpha(t)$ の回転角 $\theta(t)$ を，$\alpha(t)$ が x_1 軸の正方向となす角度の変化率の積分として定義していることに他ならない（図 11）．

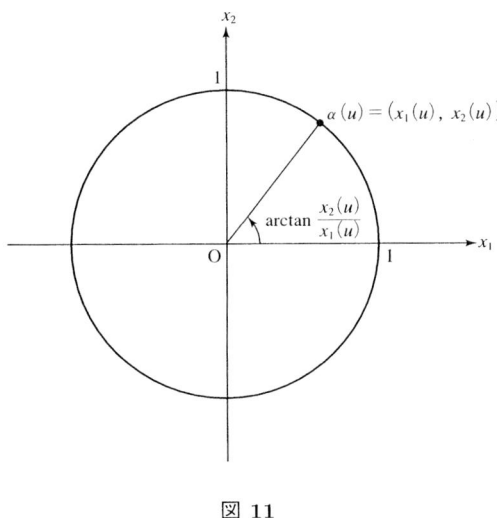

図 11

問 3.1. $x_1(u) \neq 0$ のとき，$x_1(u)^2 + x_2(u)^2 = 1$ に注意して

$$\left[\arctan \frac{x_2(u)}{x_1(u)}\right]' = \begin{vmatrix} x_1(u) & x_2(u) \\ x_1'(u) & x_2'(u) \end{vmatrix} = x_1(u)x_2'(u) - x_1'(u)x_2(u)$$

がなりたつことを確かめよ．

次の補題により，$\theta(t)$ は $\alpha(t)$ の回転角として，上に述べたような不都合さをもたないことがわかる．

補題 3.1. $\alpha : I = [0,1] \to S^1$ を x_0 を基点とする S^1 の滑らかな閉じた道とする．各 $t \in I$ に対して，$\theta(t)$ を (3.1) で定義した $\alpha(t) = (x_1(t), x_2(t)) \in S^1$ の回転角とするとき，次がなりたつ．
 (1) $\theta : I \to \mathbf{R}$ は区間 $(0,1)$ で C^∞ 級関数である．
 (2) $\theta(0) = 0$．
 (3) $\cos \theta(t) = x_1(t),\ \sin \theta(t) = x_2(t), \quad t \in I$．

証明 (1) と (2) は $\theta(t)$ の定義式 (3.1) から明らかであろう．実際，$\theta'(t) = x_1(t)x_2'(t) - x_1'(t)x_2(t)$ $(t \in (0,1))$ となる．

(3) については

$$(x_1(t) - \cos\theta(t))^2 + (x_2(t) - \sin\theta(t))^2 = 2 - 2(x_1(t)\cos\theta(t) + x_2(t)\sin\theta(t))$$

が恒等的に 0 となることをみればよい．いいかえると，任意の $t \in I$ について

$$A(t) \equiv x_1(t)\cos\theta(t) + x_2(t)\sin\theta(t) = 1$$

がなりたつことを確かめればよい．まず，$\alpha(0) = x_0 = (1,0)$ であるから，$A(0) = x_1(0) = 1$ は明らか．一方，関係式 $x_1(t)^2 + x_2(t)^2 = 1$ より $x_1(t)x_1'(t) = -x_2(t)x_2'(t)$ がなりたつことに注意して，$\theta'(t) = x_1(t)x_2'(t) - x_1'(t)x_2(t)$ を用いると

$$\begin{aligned}
A'(t) &= x_1'(t)\cos\theta(t) + x_2'(t)\sin\theta(t) \\
&\quad - x_1(t)(\sin\theta(t))\theta'(t) + x_2(t)(\cos\theta(t))\theta'(t) \\
&= x_1'(t)\cos\theta(t) + x_2'(t)\sin\theta(t) \\
&\quad - x_2'(t)\sin\theta(t)\left(x_1(t)^2 + x_2(t)^2\right) \\
&\quad - x_1'(t)\cos\theta(t)\left(x_1(t)^2 + x_2(t)^2\right) \\
&= 0.
\end{aligned}$$

よって $A(t)$ は定数．ゆえに，任意の $t \in I$ について $A(t) = 1$ となる． □

回転角 $\theta(t)$ の定義から，点 $\alpha(t)$ が S^1 上を左回り（反時計回り）に動くときは $\theta'(t) > 0$ であり，右回りに動くときは $\theta'(t) < 0$ となることに注意しよう．

問 3.2. このことを確かめよ．

一方，$\theta(0) = 0$ であるから

$$\theta(1) = \theta(1) - \theta(0) = \int_0^1 \theta'(t)dt$$

となる．したがって，$\theta(1)$ は $t \in I$ が 0 から 1 まで変化する間に，点 $\alpha(t)$ が S^1 上を左回りに動いた実質的全角度（＝左回りにまわった角度から右回りにまわった分を差し引いた角度）をあらわすと考えられる．実際 $\theta(1)$ が負ならば，$\alpha(t)$ が実質的に右回りに動いたことを意味するわけである．いいかえると，$\theta(1)$ の値を 2π で割った数 $\theta(1)/2\pi$ は，点 $\alpha(t)$ が S^1 上を左回りにまわった実質的回数（＝左回りにまわった回数から右回りにまわった分を差し引いた回数）をあらわすと考えられる．したがって，次の定義は自然であろう．

定義 3.2. x_0 を基点とする S^1 の滑らかな閉じた道 $\alpha \in \Omega(S^1, x_0)$ に対して

$$d(\alpha) = \theta(1)/2\pi$$

を α の**回転数**（rotation number）という．

実際，$d(\alpha)$ は α に対して定まる整数であることが，次の補題からわかる．

補題 3.2. x_0 を基点とする S^1 の滑らかな閉じた道 $\alpha \in \Omega(S^1, x_0)$ に対して，回転数 $d(\alpha)$ は整数である．すなわち

$$d(\alpha) \in \mathbf{Z}.$$

証明 α は $x_0 = (0,1) \in S^1$ を基点とする閉じた道であるから，$\alpha(0) = \alpha(1) = (1,0)$ である．よって，補題 3.1 に注意して $\alpha(t) = (x_1(t), x_2(t)) = (\cos\theta(t), \sin\theta(t))$ とあらわすとき，$\cos\theta(1) = 1$ かつ $\sin\theta(1) = 0$ がなりたつ．したがって $\theta(1)$ は 2π の整数倍となり，結局 $d(\alpha) = \theta(1)/2\pi$ は（α から一意的に決まる）整数であることがわかる． □

例 3.1. 各整数 $n \in \mathbf{Z}$ に対して，$\alpha_n \in \Omega(S^1, x_0)$ を

$$\alpha_n(t) = (\cos 2n\pi t, \sin 2n\pi t), \quad t \in [0,1]$$

と定義する．このとき，α_n は x_0 を基点として円周 S^1 を n 回（$n > 0$ なら左回り，$n < 0$ なら右回りに）まわる閉じた道であり，回転数は $d(\alpha_n) = n$ である．

問 3.3. このことを，実際に $\theta(t)$ の定義式 (3.1) を用いて確かめてみよ．

 x_0 を基点とする S^1 の 2 つの閉じた道 $\alpha, \beta \in \Omega(S^1, x_0)$ があたえられたとき，α と β の積 $\alpha \cdot \beta \in \Omega(S^1, x_0)$ を考えることができる．このとき，α と β が滑らかな閉じた道であっても，積 $\alpha \cdot \beta$ は一般に滑らかな道になるとは限らない．なぜなら，積の道 $\alpha \cdot \beta : [0,1] \to S^1$ は，定義から $t = 1/2$ の時点で α から β に（x_0 において）接続するが，継ぎ目の点 $x_0 = \alpha \cdot \beta(1/2)$ での微分可能性が α と β の微分可能性からは必ずしも保証されないからである．そこで，このような不都合さを取り除くために，滑らかな閉じた道の概念を次のように少し拡張しよう．

 $\alpha \in \Omega(S^1, x_0)$ を x_0 を基点とする S^1 の閉じた道とする．連続写像 $\alpha : [0,1] \to S^1$ に対して，区間 $[0,1]$ の分割

$$0 = t_0 < t_1 < \ldots < t_{k-1} < t_k = 1$$

が存在して，制限 $\alpha|(t_{i-1}, t_i)$ がすべての $i = 1, 2, \ldots, k$ について S^1 への滑らかな写像であるとき，α を x_0 を基点とする S^1 の**区分的に滑らかな閉じた道**といい，各 $\alpha(t_i)$ を α の**角点**とよぶ．ここに，$\alpha|(t_{i-1}, t_i)$ が S^1 への滑らかな写像であるとは，各 $t \in (t_{i-1}, t_i)$ に対して，$\alpha(t) \in S^1$ を $\mathbf{R}^2$ の座標を用いて

$$\alpha(t) = (x_1(t), x_2(t)), \quad x_1(t)^2 + x_2(t)^2 = 1$$

とあらわすとき，$x_1(t), x_2(t)$ がそれぞれ開区間 (t_{i-1}, t_i) 上の C^∞ 級関数となることを意味する．すなわち区分的に滑らかな閉じた道とは，高々有限個の角点を除いて滑らかな閉じた道のことである．

 滑らかな閉じた道 $\alpha \in \Omega(S^1, x_0)$ はとくに区分的に滑らかな閉じた道である．2 つの区分的に滑らかな閉じた道 $\alpha \cdot \beta$ が再び区分的に滑らかな閉じた道になることは定義から明らかであろう．

 区分的に滑らかな閉じた道に対しても，滑らかな閉じた道の場合と同様にして，回転角と回転数を次のように定義することができる．

 $\alpha \in \Omega(S^1, x_0)$ を x_0 を基点とする S^1 の区分的に滑らかな閉じた道とし，各 $t \in I = [0,1]$ に対して，点 $\alpha(t) \in S^1$ を $\alpha(t) = (x_1(t), x_2(t))$ とあらわす．

$0 = t_0 < t_1 < \ldots < t_{k-1} < t_k = 1$ を各 $\alpha|(t_{i-1}, t_i)$ $(i = 1, 2, \ldots, k)$ が滑らかであるような分割としよう．このとき $\alpha(t)$ の回転角 $\theta(t)$ を，$t \in [t_0, t_1]$ ならば

$$\theta(t) = \int_0^t (x_1(u) x_2'(u) - x_1'(u) x_2(u)) \, du$$

と定義し，$t \in [t_{i-1}, t_i]$ $(i = 2, \ldots, k)$ ならば

$$
\begin{aligned}
\theta(t) &= \sum_{j=1}^{i-1} \int_{t_{j-1}}^{t_j} (x_1(u) x_2'(u) - x_1'(u) x_2(u)) \, du \\
&\quad + \int_{t_{i-1}}^t (x_1(u) x_2'(u) - x_1'(u) x_2(u)) \, du
\end{aligned}
\tag{3.2}
$$

と定義する．すなわち，$\theta(t)$ は各 $\alpha \mid [t_{j-1}, t_j]$ $(j = 1, 2, \ldots, i)$ ごとに測った回転角の和として定義される．各 $\alpha(t)$ $(t \in I)$ に対して回転角 $\theta(t)$ をこのように定義するとき，$\theta : I \to \boldsymbol{R}$ は各開区間 (t_{i-1}, t_i) $(i = 1, 2, \ldots, k)$ 上で C^∞ 級な連続関数であり，$\theta(0) = 0$ かつ関係式

$$\cos \theta(t) = x_1(t), \quad \sin \theta(t) = x_2(t), \quad t \in I$$

のなりたつことが，補題 3.1 の場合と同様にして容易に確かめられる．したがって α の回転数 $d(\alpha)$ は，定義 3.2 と同様に

$$d(\alpha) = \theta(1)/2\pi$$

と定義すればよい．この回転数 $d(\alpha)$ が α に対して一意的に定まる整数であることの証明は，補題 3.2 の場合と全く同じである．

問 3.4. $\theta(t)$ と $d(\alpha)$ について，以上のことを証明せよ．

例題 3.1. $\alpha, \beta \in \Omega(S^1, x_0)$ を x_0 を基点とする S^1 の滑らかな閉じた道とするとき，α と β の積 $\alpha \cdot \beta$ の回転数は α と β の回転数の和になる．すなわち

$$d(\alpha \cdot \beta) = d(\alpha) + d(\beta)$$

がなりたつ．

解 道 $\alpha, \beta : [0,1] \to S^1$ に対して，$\alpha(t) = (x_1(t), x_2(t)), \beta(t) = (\bar{x}_1(t), \bar{x}_2(t))$ とあらわす．道の積の定義から $\alpha \cdot \beta : [0,1] \to S^1$ は

$$\alpha \cdot \beta(t) = \alpha(2t) \ (t \in [0, 1/2]), \quad \alpha \cdot \beta(t) = \beta(2t-1) \ (t \in [1/2, 1])$$

であたえられるから，合成関数の微分と積分の変数変換に注意して

$$\begin{aligned}
&d(\alpha \cdot \beta) \\
&= \frac{1}{2\pi} \int_0^{1/2} (x_1(2u) 2x_2'(2u) - 2x_1'(2u) x_2(2u))\, du \\
&\quad + \frac{1}{2\pi} \int_{1/2}^1 (\bar{x}_1(2u-1) 2\bar{x}_2'(2u-1) - 2\bar{x}_1'(2u-1) \bar{x}_2(2u-1))\, du \\
&= \frac{1}{2\pi} \int_0^1 (x_1(u) x_2'(u) - x_1'(u) x_2(u))\, du \\
&\quad + \frac{1}{2\pi} \int_0^1 (\bar{x}_1(u) \bar{x}_2'(u) - \bar{x}_1'(u) \bar{x}_2(u))\, du \\
&= d(\alpha) + d(\beta)
\end{aligned}$$

がえられる． □

$\alpha, \beta \in \Omega(S^1, x_0)$ を x_0 を基点とする S^1 の区分的に滑らかな閉じた道とする．α と β の各角点に対するそれぞれの分割の区分点を合わせて考えれば，区間 $[0,1]$ の分割

$$0 = t_0 < t_1 < \ldots < t_{k-1} < t_k = 1$$

を，制限 $\alpha|(t_{i-1}, t_i), \beta|(t_{i-1}, t_i)$ がすべての $i = 1, 2, \ldots, k$ についてともに滑らかな写像となるようにえらべる．このとき α, β に対して，次の条件 (i), (ii), (iii) をみたす連続写像 $F : [0,1] \times [0,1] \to S^1$ を α から β への（基点を止めた）**区分的に滑らかなホモトピー**とよび，このような $F = F(t, s)$ が存在するとき，α と β は（基点 x_0 を止めて）**区分的に滑らかにホモトープ**であるという．

(i) $F(t, 0) = \alpha(t), \quad F(t, 1) = \beta(t), \quad t \in [0, 1]$.
(ii) $F(0, s) = F(1, s) = x_0, \quad s \in [0, 1]$.
(iii) 各 $F|(t_{i-1}, t_i) \times (0, 1) \ (i = 1, 2, \ldots, k)$ は S^1 への滑らかな写像である．

§3. 回 転 数

α から β への区分的に滑らかなホモトピー $F = F(t,s)$ に対し, $F_s(t) = F(t,s)$ とおくと, 各 $s \in [0,1]$ に対して $F_s : [0,1] \to S^1$ は, 条件 (ii), (iii) により x_0 を基点とする S^1 の区分的に滑らかな閉じた道となる. このようにしてえられる S^1 の区分的に滑らかな閉じた道の族 $\{F_s \mid s \in [0,1]\}$ が定める α $(s=0)$ から β $(s=1)$ への変形は, 変形のパラメーター s に関して滑らかであることを注意しておこう.

S^1 の区分的に滑らかな閉じた道のホモトピーと回転数に関する次の事実は重要である.

定理 3.1. $\alpha, \beta \in \Omega(S^1, x_0)$ を x_0 を基点とする S^1 の区分的に滑らかな閉じた道とする. α が β に区分的に滑らかにホモトープならば, α と β の回転数は一致する. すなわち, $d(\alpha) = d(\beta)$ がなりたつ.

証明 $F : [0,1] \times [0,1] \to S^1$ を α から β への区分的に滑らかなホモトピーとし, $F_s(t) = F(t,s)$ とおく. $0 = t_0 < t_1 < \ldots < t_{k-1} < t_k = 1$ を各 $F|(t_{i-1}, t_i) \times (0,1)$ $(i=1,2,\ldots,k)$ が S^1 への滑らかな写像であるような分割とし, 点 $F(t,s) \in S^1 \subset \mathbf{R}^2$ を $F(t,s) = (x_1(t,s), x_2(t,s))$ とあらわしておく. このとき各 $s \in [0,1]$ に対して, x_0 を基点とする S^1 の区分的に滑らかな閉じた道 $F_s \in \Omega(S^1, x_0)$ の回転数 $d(F_s)$ は, 定義式 (3.2) から

$$(3.3) \qquad d(F_s) = \frac{1}{2\pi} \sum_{i=1}^{k} \int_{t_{i-1}}^{t_i} \left(x_1(u,s) \frac{\partial x_2}{\partial u}(u,s) - \frac{\partial x_1}{\partial u}(u,s) x_2(u,s) \right) du$$

であたえられる.

さて分割のえらび方から, (3.3) の被積分関数は各 $i = 1, 2, \ldots, k$ について $(t_{i-1}, t_i) \times (0,1)$ 上の滑らかな関数であることに注意. よって, 回転数 $d(F_s)$ は s に関して連続的に変化する値であることが (3.3) よりわかる. 一方, 回転数 $d(F_s)$ はつねに整数値であるから, 結局 $d(F_s)$ は s によらず一定値でなければならない. したがって

$$d(\alpha) = d(F_0) = d(F_1) = d(\beta)$$

がなりたつ. □

問 3.5. 連結な位相空間上の整数値をとる連続関数は定数関数に限ることを証明せよ.

§4. 円周の基本群

R^2 内の単位円周

$$S^1 = \{(x_1, x_2) \in R^2 \mid x_1^2 + x_2^2 = 1\}$$

の基本群 $\pi_1(S^1, x_0)$ について考えよう．基点 x_0 を $(1, 0) \in S^1$ にとっておく．S^1 は弧状連結であるから，定理 2.2 でみたように，$\pi_1(S^1, x_0)$ の群構造は基点 x_0 のとり方によらない．

さて，$\gamma \in \Omega(S^1, x_0)$ を x_0 を基点とする S^1 の閉じた道とする．前節では，とくに区分的に滑らかな γ について，S^1 を左回りにまわる実質的回数として γ の回転数 $d(\gamma)$ を定義した．この節では，区分的に滑らかとは限らない一般の γ に対しても，その回転数 $d(\gamma)$ が同様に定義でき，γ のホモトピー類 $[\gamma] \in \pi_1(S^1, x_0)$ に $d(\gamma) \in Z$ を対応させることにより，S^1 の基本群 $\pi_1(S^1, x_0)$ から整数のなす加法群 Z への同型写像がえられることをみよう．

このことを次の 4 段階にわけて証明する．

(1) $\gamma \in \Omega(S^1, x_0)$ を γ とホモトープな滑らかな閉じた道 $\alpha \in \Omega(S^1, x_0)$ で近似する．

(2) γ に対し，γ の回転数 $d(\gamma) \in Z$ を定義する．

(3) $\gamma \simeq \gamma' \Rightarrow d(\gamma) = d(\gamma')$．すなわち γ と γ' がホモトープならば，γ と γ' の回転数は一致することを示す．

(4) γ のホモトピー類 $[\gamma] \in \pi_1(S^1, x_0)$ に回転数 $d(\gamma) \in Z$ を対応させる写像 $d : \pi_1(S^1, x_0) \to Z$ は同型写像であることを証明する．

まず，$\gamma \in \Omega(S^1, x_0)$ を γ とホモトープな滑らかな閉じた道 $\alpha \in \Omega(S^1, x_0)$ で近似することからはじめる．

このような近似を考えるとき，近似の度合いをはかる尺度として，S^1 の閉じた道の間に次のような距離を定義しておくと便利である．$\gamma_0, \gamma_1 \in \Omega(S^1, x_0)$ とする．γ_0 と γ_1 は $\gamma_0(0) = \gamma_1(0) = x_0 = \gamma_0(1) = \gamma_1(1)$ であるような連続写像 $\gamma_0, \gamma_1 : [0, 1] \to S^1$ である．R^2 の標準的内積を $\langle\ ,\ \rangle$ であらわすとき，各 $t \in [0, 1]$ に対して R^2 における 2 点 $\gamma_0(t), \gamma_1(t)$ 間の距離が

$$\|\gamma_0(t) - \gamma_1(t)\| = \langle \gamma_0(t) - \gamma_1(t), \gamma_0(t) - \gamma_1(t) \rangle^{1/2}$$

§4. 円周の基本群

であたえられる．すなわち $\gamma_0(t), \gamma_1(t) \in S^1$ を

$$\gamma_0(t) = (x_1(t), x_2(t)), \quad \gamma_1(t) = (\bar{x}_1(t), \bar{x}_2(t)) \quad (\in \mathbf{R}^2)$$

とあらわすとき，

$$\|\gamma_0(t) - \gamma_1(t)\| = \left(\sum_{i=1}^{2}(x_i(t) - \bar{x}_i(t))^2\right)^{1/2}$$

である．そこで

(4.1) $$\rho(\gamma_0, \gamma_1) = \sup\{\|\gamma_0(t) - \gamma_1(t)\| \mid t \in [0,1]\}$$

とおき，$\rho(\gamma_0, \gamma_1)$ を γ_0 と γ_1 の（$\Omega(S^1, x_0)$ における）**距離**とよぶ．

問 4.1. $\rho(\gamma_0, \gamma_1) = \max\{\|\gamma_0(t) - \gamma_1(t)\| \mid t \in [0,1]\} \leq 2$ であることを示せ．

ρ が $\Omega(S^1, x_0)$ で定義された距離関数であることは，定義式 (4.1) から容易に確かめられる．すなわち，$\rho: \Omega(S^1, x_0) \times \Omega(S^1, x_0) \to \mathbf{R}$ について次がなりたつ．

(1) 任意の $\gamma_0, \gamma_1 \in \Omega(S^1, x_0)$ に対して
$$\rho(\gamma_0, \gamma_1) \geq 0, \quad \text{かつ} \quad \rho(\gamma_0, \gamma_1) = 0 \Leftrightarrow \gamma_0 = \gamma_1.$$
(2) 任意の $\gamma_0, \gamma_1 \in \Omega(S^1, x_0)$ に対して，$\rho(\gamma_0, \gamma_1) = \rho(\gamma_1, \gamma_0)$.
(3) 任意の $\gamma_0, \gamma_1, \gamma_2 \in \Omega(S^1, x_0)$ に対して
$$\rho(\gamma_0, \gamma_2) \leq \rho(\gamma_0, \gamma_1) + \rho(\gamma_1, \gamma_2) \qquad \text{（三角不等式）}$$

問 4.2. 以上のことを確かめよ．

$\mathbf{R}^2$ から原点 $0 \in \mathbf{R}^2$ を除いた空間 $\mathbf{R}^2 \setminus \{0\}$ から S^1 への C^∞ 級写像 $f: \mathbf{R}^2 \setminus \{0\} \to S^1$ を，$x \in \mathbf{R}^2 \setminus \{0\}$ に対して

$$f(x) = \frac{x}{\|x\|} \qquad \left(\|x\| = \langle x, x \rangle^{1/2}\right)$$

と定義する．f は $\mathbf{R}^2 \setminus \{0\}$ から S^1 への動径方向の射影であり，とくに $f|S^1$ は S^1 上の恒等写像となっている．

以上の準備のもとに，次の命題が証明できる．

命題 4.1. $\gamma_0,\ \gamma_1 \in \Omega(S^1, x_0)$ に対して $\rho(\gamma_0, \gamma_1) < 2$ ならば, γ_0 と γ_1 はホモトープである. すなわち

$$\rho(\gamma_0, \gamma_1) < 2 \quad \Rightarrow \quad \gamma_0 \simeq \gamma_1$$

がなりたつ.

証明 仮定より $\rho(\gamma_0, \gamma_1) < 2$ だから, 任意の $t \in I = [0, 1]$ に対して

$$\|\gamma_0(t) - \gamma_1(t)\| < 2.$$

よって $\langle \gamma_0(t), \gamma_1(t) \rangle > -1$ であるから, 任意の $t, s \in I$ に対して

$$\|(1-s)\gamma_0(t) + s\gamma_1(t)\|^2 = (2s^2 - 2s + 1) + 2s(1-s)\langle \gamma_0(t), \gamma_1(t)\rangle$$
$$> (2s-1)^2 \geq 0.$$

したがって, $(1-s)\gamma_0(t) + s\gamma_1(t) \neq 0$ $(t, s \in I)$ をえる. 図形的には, 条件 $\rho(\gamma_0, \gamma_1) < 2$ は任意の $t \in I$ に対し $\gamma_0(t)$ と $\gamma_1(t)$ が円周の直径の両端にこないことを意味し, γ_0 と γ_1 を結ぶ線分 $(1-s)\gamma_0(t) + s\gamma_1(t)$ は原点 $0 \in \mathbf{R}^2$ を通らないというわけである.

そこで, $\mathbf{R}^2 \setminus \{0\}$ から S^1 への動径方向の射影 $f : \mathbf{R}^2 \setminus \{0\} \to S^1$ を用いて, 連続写像 $F : I \times I \to S^1$ を

$$(4.2) \qquad F(t, s) = f((1-s)\gamma_0(t) + s\gamma_1(t))$$

と定義する (図 12). 定義式 (4.2) から明らかに

$$F(t, 0) = \gamma_0(t), \quad F(t, 1) = \gamma_1(t)$$

であり, F は γ_0 から γ_1 へのホモトピーをあたえる. よって $\gamma_0 \simeq \gamma_1$ となる.
□

定理 4.1. $\gamma \in \Omega(S^1, x_0)$ とする. このとき, $0 < \epsilon < 2$ なる任意の実数 ϵ に対して, S^1 の滑らかな閉じた道 $\alpha \in \Omega(S^1, x_0)$ が存在して次がなりたつ.

(1) $\rho(\gamma, \alpha) < \epsilon$.

(2) $\gamma \simeq \alpha$.

§4. 円周の基本群

図中のラベル: $F(t,s)$, $\gamma_0(t)$, $\gamma_1(t)$, O, $(1-s)\gamma_0(t)+s\gamma_1(t)$, S^1

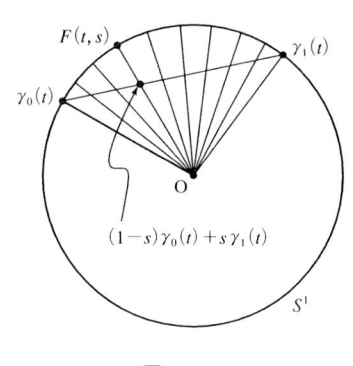

図 12

証明 各 $t \in I = [0,1]$ に対して，$\gamma(t) \in S^1 \subset \mathbf{R}^2$ を $\mathbf{R}^2$ の座標を用いて $\gamma(t) = (x_1(t), x_2(t))$ とあらわす．γ は $x_0 = (1,0)$ を基点とする S^1 の閉じた道であるから，$x_1, x_2 : I \to \mathbf{R}$ は連続関数であり，$x_1(0) = x_1(1) = 1$, $x_2(0) = x_2(1) = 0$ がなりたつ．

さて，ワイエルシュトラスの近似定理によれば，閉区間 I 上の連続関数は多項式によっていくらでも精密に一様に近似できる．すなわち連続関数 $x_1(t), x_2(t)$ と任意の $\epsilon > 0$ に対して，多項式（したがってとくに C^∞ 級関数）

$$\bar{x}_1, \bar{x}_2 : I \to \mathbf{R}$$

が存在して

(4.3) $\quad \sup_{t \in I} |x_1(t) - \bar{x}_1(t)| < \epsilon/4, \quad \sup_{t \in I} |x_2(t) - \bar{x}_2(t)| < \epsilon/4$

がなりたつ．しかも，このような $\bar{x}_1(t), \bar{x}_2(t)$ は区間 I の両端 $t = 0, 1$ において

$$\bar{x}_i(0) = x_i(0), \quad \bar{x}_i(1) = x_i(1), \qquad i = 1, 2$$

となるようにえらべる（章末の問題1参照）．

そこで，この $\bar{x}_1(t)$ と $\bar{x}_2(t)$ を用いて $\bar{\alpha} : I \to \mathbf{R}^2$ を

$$\bar{\alpha}(t) = (\bar{x}_1(t), \bar{x}_2(t)), \quad t \in I$$

と定義すると，$\bar{\alpha}(0) = \bar{\alpha}(1) = x_0$ であり，$\bar{\alpha}$ は x_0 を基点とする $\mathbf{R}^2$ 内の滑らかな閉じた道 $\bar{\alpha} \in \Omega(\mathbf{R}^2, x_0)$ となる．さらに (4.3) より

$$(4.4) \quad \sup_{t \in I} \|\gamma(t) - \bar{\alpha}(t)\| = \sup_{t \in I} \left(\sum_{i=1}^{2} (x_i(t) - \bar{x}_i(t))^2 \right)^{1/2} < \epsilon/2$$

がなりたつ．

一方，仮定より $\epsilon < 2$ かつ γ は S^1 の道であるから，(4.4) より

$$\|\bar{\alpha}(t)\| > \|\gamma\| - \epsilon/2 > 0, \quad t \in I.$$

よって $\bar{\alpha}$ は $\mathbf{R}^2$ の原点 $0 \in \mathbf{R}^2$ を通らないことがわかる．そこで，$\mathbf{R}^2 \setminus \{0\}$ から S^1 への動径方向への射影 $f : \mathbf{R}^2 \setminus \{0\} \to S^1$ を用いて

$$\alpha = f \circ \bar{\alpha} : I \to S^1$$

と定義すると，$\alpha(0) = \alpha(1) = x_0$ であり，α は x_0 を基点とする S^1 の滑らかな閉じた道 $\alpha \in \Omega(S^1, x_0)$ となる．

この α が求める滑らかな道である．実際，$\alpha(t)$ の定義より

$$\|\gamma(t) - \bar{\alpha}(t)\| \geq \|\alpha(t) - \bar{\alpha}(t)\|, \quad t \in I$$

がなりたつことに注意（図 13）．したがって，(4.4) より

$$\|\gamma(t) - \alpha(t)\| \leq \|\gamma(t) - \bar{\alpha}(t)\| + \|\bar{\alpha}(t) - \alpha(t)\| \leq 2\|\gamma(t) - \bar{\alpha}(t)\| \leq \epsilon$$

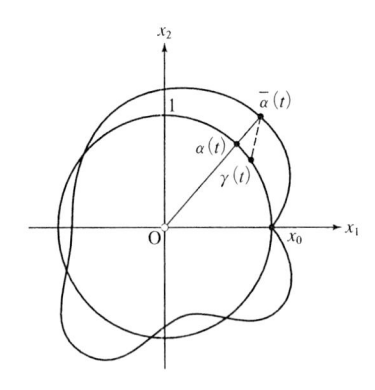

図 13

が任意の $t \in I$ についてなりたつ．よって $\rho(\gamma, \alpha) < \epsilon$ をえる．

一方 $\epsilon < 2$ であったから，とくに $\rho(\gamma, \alpha) < 2$．よって命題 4.1 から $\gamma \simeq \alpha$，すなわち γ と α はホモトープであることもわかる． □

定理 4.1 により，S^1 の任意の閉じた道 $\gamma \in \Omega(S^1, x_0)$ は γ とホモトープな滑らかな閉じた道 $\alpha \in \Omega(S^1, x_0)$ によって，$\Omega(S^1, x_0)$ の距離 ρ に関していくらでも精密に近似できることがわかる．また，閉じた道 $\gamma, \gamma' \in \Omega(S^1, x_0)$ をそれぞれ滑らかな閉じた道 $\alpha, \alpha' \in \Omega(S^1, x_0)$ で近似するとき，道の積 $\gamma \cdot \gamma'$ は区分的に滑らかな閉じた道 $\alpha \cdot \alpha'$ で近似されることになる．(もちろん，$\gamma \cdot \gamma'$ を滑らかな道で近似することもできる．)

問 4.3. 道の積の近似について

$$\rho(\gamma \cdot \gamma', \alpha \cdot \alpha') = \max\{\rho(\gamma, \alpha), \rho(\gamma', \alpha')\}$$

がなりたつことを証明せよ．

これらの事実に注目して，区分的に滑らかとは限らない一般の閉じた道 $\gamma \in \Omega(S^1, x_0)$ に対しても，その回転数 $d(\gamma) \in \mathbf{Z}$ を次のように定義しよう．

定義 4.1. $\gamma \in \Omega(S^1, x_0)$ とする．区分的に滑らかな閉じた道 $\alpha \in \Omega(S^1, x_0)$ を $\rho(\gamma, \alpha) < 1$ となるようにとり，γ の **回転数** $d(\gamma)$ を §3 で定義した α の回転数 $d(\alpha)$ を用いて

(4.5) $$d(\gamma) = d(\alpha) \qquad (\in \mathbf{Z})$$

と定義する．$d(\gamma)$ を γ の **位数** ともいう．

定義 4.1 が意味をもつためには，(4.5) で定義される γ の回転数 $d(\gamma)$ が，γ を近似する区分的に滑らかな閉じた道 $\alpha \in \Omega(S^1, x_0)$ のとり方によらず一意的に定まることを確かめなければならない．次の補題でそれを保証する．

補題 4.1. $\gamma \in \Omega(S^1, x_0)$ に対して，区分的に滑らかな閉じた道 $\alpha_1, \alpha_2 \in \Omega(S^1, x_0)$ を $\rho(\gamma, \alpha_i) < 1$ $(i = 1, 2)$ となるようにとるとき，α_1 と α_2 の回転数は一致する．すなわち $d(\alpha_1) = d(\alpha_2)$ がなりたつ．

証明 α_1, α_2 のとり方から，$\rho(\alpha_1, \alpha_2) \le \rho(\alpha_1, \gamma) + \rho(\gamma, \alpha_2) < 2$ となることに注意．よって命題 4.1 の証明の場合と同様にして，$\mathbf{R}^2 \setminus \{0\}$ から S^1 への動径方向の射影 $f : \mathbf{R}^2 \setminus \{0\} \to S^1$ を用いて，α_1 から α_2 へのホモトピー $F : [0, 1] \times [0, 1] \to S^1$ を

$$F(t, s) = f((1-s)\alpha_1(t) + s\alpha_2(t))$$

で定義することができる．ここに f は C^∞ 級写像であるから，とくに F は α_1 から α_2 への区分的に滑らかなホモトピーを定義する．したがって定理 3.1 により，α_1 と α_2 の回転数は一致し，$d(\alpha_1) = d(\alpha_2)$ がなりたつ． □

これで，一般の閉じた道 $\gamma \in \Omega(S^1, x_0)$ に対しても，区分的に滑らかな閉じた道 $\alpha \in \Omega(S^1, x_0)$ による近似を利用して，γ の回転数 $d(\gamma) \in \mathbf{Z}$ が矛盾なく定義されることがわかった．γ がとくに区分的に滑らかな閉じた道であるとき，$d(\gamma)$ が前節で定義した回転数に他ならないことは定義から明らかであろう．

一方，前節で定義した α の回転数 $d(\alpha)$ は，区分的に滑らかな閉じた道 $\alpha \in \Omega(S^1, x_0)$ が S^1 を左回りにまわる実質的回数（＝左回りにまわる回数から右回りにまわる分を差し引いた回数）に他ならなかった．定理 4.1 により，γ に対して（区分的に）滑らかな閉じた道 α は $\Omega(S^1, x_0)$ の距離 ρ に関していくらでも γ に近くとれるから，定義 4.1 における γ の回転数 $d(\gamma)$ も，実は $\gamma \in \Omega(S^1, x_0)$ が S^1 を左回りにまわる実質的回数をあらわしていることに注意しておこう[†]．

定理 3.1 でみたように，区分的に滑らかな閉じた道 $\alpha \in \Omega(S^1, x_0)$ の回転数 $d(\alpha)$ は，α の区分的に滑らかなホモトピーのもとで不変であった．一般の閉じた道 $\gamma \in \Omega(S^1, x_0)$ についても，回転数 $d(\gamma)$ と γ の（連続な）ホモトピーに対して同様の不変性がなりたつことを次に確かめよう．

定理 4.2. $\gamma_0, \gamma_1 \in \Omega(S^1, x_0)$ とする．γ_0 が γ_1 にホモトープならば，γ_0 と γ_1 の回転数は一致する．すなわち

$$\gamma_0 \simeq \gamma_1 \quad \Rightarrow \quad d(\gamma_0) = d(\gamma_1)$$

[†] 滑らかな道 α による近似を用いず $d(\gamma)$ を γ から直接に定義する方法については，一楽重雄著「位相幾何学」（本講座 8）をみるとよい．

§4. 円周の基本群

がなりたつ．

証明 $F : I \times I \to S^1$ ($I = [0,1]$) を γ_0 から γ_1 へのホモトピーとし，$F_s(t) = F(t,s)$ とおく．ホモトピーの条件（定義 1.1）から，$F_0(t) = \gamma_0(t)$，$F_1(t) = \gamma_1(t)$ ($t \in I$) かつ $F_s \in \Omega(S^1, x_0)$ ($s \in I$) である．

F の定義域 $I \times I$ は $\boldsymbol{R}^2$ の有界閉集合（したがってコンパクト）であるから，連続写像 $F : I \times I \to S^1$ は一様連続である．すなわち，任意にあたえた $\epsilon > 0$ に対して，$\delta > 0$ を十分小さくとれば

$$|t - t'| < \delta, \ |s - s'| < \delta \Rightarrow \|F(t,s) - F(t', s')\| < \epsilon$$

がすべての $t, t', s, s' \in I$ についてなりたつ．ここに，δ の値は $t, s \in I$ に無関係に F と ϵ だけから決まる（すなわち $t, s \in I$ に関して一様にとれる）ことに注意．したがって，$\epsilon = 1/2$ にとり $t = t'$ とすることにより

$$|s - s'| < \delta \Rightarrow \rho(F_s, F_{s'}) = \sup\{\|F_s(t) - F_{s'}(t)\| \mid t \in I\} < 1/2$$

がえられる．

一方，各 $F_s \in \Omega(S^1, x_0)$ ($s \in I$) に対して定理 4.1 より，$\rho(F_s, \varphi) < 1/2$ となる滑らかな閉じた道 $\varphi \in \Omega(S^1, x_0)$ が存在する．このとき，$|s - s'| < \delta$ ならば

$$\rho(F_{s'}, \varphi) \leq \rho(F_{s'}, F_s) + \rho(F_s, \varphi) < 1/2 + 1/2 = 1.$$

したがって定義 4.1 から，$d(F_s) = d(\varphi)$ かつ $d(F_{s'}) = d(\varphi)$，すなわち

$$|s - s'| < \delta \quad \Rightarrow \quad d(F_s) = d(F_{s'})$$

がなりたつ．ゆえに，δ は s の値に依存しないで決まることに注意して，結局

$$d(\gamma_0) = d(F_0) = d(F_1) = d(\gamma_1)$$

がえられる． □

定理 4.2 から，とくに区分的に滑らかな閉じた道 $\alpha \in \Omega(S^1, x_0)$ の回転数 $d(\alpha)$ も，一般のホモトピーのもとで不変であることがわかる．また，一般の

閉じた道 $\gamma \in \Omega(S^1, x_0)$ について，回転数 $d(\gamma) \in \mathbf{Z}$ は γ に対して定義されたが，むしろ γ のホモトピー類 $[\gamma] \in \pi_1(S^1, x_0)$ に対して定まる整数であることもわかる．すなわち各ホモトピー類 $[\gamma] \in \pi_1(S^1, x_0)$ に対し，$[\gamma] = [\gamma']$ ならば $d(\gamma) = d(\gamma')$ がなりたつから，整数 $d([\gamma]) = d(\gamma) \in \mathbf{Z}$ が $[\gamma]$ の代表元のとり方によらずに一意的に定まる．この $d([\gamma])$ をホモトピー類 $[\gamma] \in \pi_1(S^1, x_0)$ の**位数**とよぼう．

以上の考察により，S^1 の閉じた道 $\gamma \in \Omega(S^1, x_0)$ のホモトピー類 $[\gamma] \in \pi_1(S^1, x_0)$ に位数 $d([\gamma]) \in \mathbf{Z}$ を対応させる写像 $d : \pi_1(S^1, x_0) \to \mathbf{Z}$ が矛盾なく定義されることがわかった．このとき次の定理がなりたつ．

定理 4.3. $d : \pi_1(S^1, x_0) \to \mathbf{Z}$ は同型写像である．

証明 まず d が基本群 $\pi_1(S^1, x_0)$ から整数のなす加法群 $\mathbf{Z}$ への準同型写像であることを証明しよう．それには，任意の $[\gamma], [\gamma'] \in \pi_1(S^1, x_0)$ について

$$d([\gamma] \cdot [\gamma']) = d([\gamma]) + d([\gamma'])$$

がなりたつことを示せばよい．定理 4.1 でみたように，$\gamma, \gamma' \in \Omega(S^1, x_0)$ に対して，$[\gamma] = [\alpha], [\gamma'] = [\alpha']$ となる滑らかな閉じた道 $\alpha, \alpha' \in \Omega(S^1, x_0)$ が存在する．したがって例題 3.1 の結果から

$$d([\gamma] \cdot [\gamma']) = d([\alpha] \cdot [\alpha']) = d([\alpha \cdot \alpha']) = d(\alpha \cdot \alpha')$$
$$= d(\alpha) + d(\alpha') = d([\alpha]) + d([\alpha']) = d([\gamma]) + d([\gamma'])$$

がなりたつ．これで d が準同型写像であることがわかった．

次に d が全射（上への写像）であることを確かめよう．各整数 $n \in \mathbf{Z}$ に対して，$\alpha_n \in \Omega(S^1, x_0)$ を

$$\alpha_n(t) = (\cos 2n\pi t, \sin 2n\pi t), \quad t \in [0, 1]$$

と定義する．例 3.1 でみたように，α_n は x_0 を基点にして S^1 を n 回まわる滑らかな閉じた道であり，回転数は $d(\alpha_n) = n$ となる．したがって $d([\alpha_n]) = d(\alpha_n) = n$．すなわち d は全射であることがわかる．

よって d が単射（1対1の写像）であることを確かめれば証明は終わる．d は準同型写像だから，それには d の核 $d^{-1}(0)$ が $\pi_1(S^1, x_0)$ の単位元に限ることを示せば十分である．すなわち $e_0 \in \Omega(S^1, x_0)$ を $x_0 = (1,0) \in S^1$ に値をとる定値の道とするとき，$d([\gamma]) = 0$ ならば $[\gamma] = [e_0]$ となることをみればよい．$\alpha \in \Omega(S^1, x_0)$ を $[\alpha] = [\gamma]$ となる滑らかな閉じた道とし，$\alpha(t) \in S^1$ の回転角を $\theta(t) \in \boldsymbol{R}$ とする．このとき，補題 3.1 より $\alpha(t) = (\cos\theta(t), \sin\theta(t))$ かつ仮定より

$$0 = d([\gamma]) = d(\alpha) = \theta(1)/2\pi$$

だから $\theta(1) = 0$ となることに注意．そこで連続写像 $F : I \times I \to S^1$ ($I = [0,1]$) を

$$F(t,s) = (\cos(s\theta(t)), \sin(s\theta(t)))$$

と定義すると，定義から容易に

$$F(t,0) = e_0(t), \ F(t,1) = \alpha(t), \quad t \in I$$
$$F(0,s) = F(1,s) = x_0, \qquad s \in I$$

が確かめられ，F は e_0 から α へのホモトピーをあたえることがわかる．したがって $[\gamma] = [\alpha] = [e_0]$．よって d は単射である．

以上で d が同型写像であることが証明された． □

系 4.1. (円周の基本群)　　$\pi_1(S^1) \cong \boldsymbol{Z}$.

問 4.4.　定理 4.3 から，$\gamma, \gamma' \in \Omega(S^1, x_0)$ に対して $d(\gamma) = d(\gamma')$ ならば $\gamma \simeq \gamma'$，すなわち γ と γ' はホモトープであることがわかる．このことを直接証明してみよ．

§5. 球面の基本群

X を位相空間とし，A を X の部分集合とする．X からの相対位相により A は X の部分位相空間と考えることができる．このとき，連続写像 $f : X \to A$ が存在して $f(x) = x$ が任意の $x \in A$ についてなりたつならば，A を X のレトラクトといい，f をレトラクションとよぶ．さらに連続写像 $H : X \times [0,1] \to X$ で次の3条件

(i) $H(x,0) = x$, $x \in X$

(ii) $H(x,1) \in A$, $x \in X$

(iii) $H(x,s) = x$, $x \in A$, $s \in [0,1]$

をみたすものが存在するとき，A を X の**変位レトラクト**という．いいかえると A が X の変位レトラクトであるとは，A を動かさずに X を A まで連続的に縮めていけることを意味する．とくに X の 1 点 x_0 が存在して $\{x_0\}$ が X の変位レトラクトとなるとき，X は**可縮**であるといわれる．

問 5.1. $\mathbf{R}^2 \setminus \{0\}$ から S^1 への動径方向の射影 $f : \mathbf{R}^2 \setminus \{0\} \to S^1$ はレトラクションであり，S^1 は $\mathbf{R}^2 \setminus \{0\}$ の変位レトラクトであることを確かめよ．

問 5.2. 可縮な空間は弧状連結であることを証明せよ．

一般に，弧状連結な位相空間 X の基本群 $\pi_1(X)$ が単位元 e のみからなる自明な群のとき，すなわち X の任意の点を基点とする閉じた道がすべて零ホモトープとなるとき，X は**単連結**であるという．

例題 5.1. (1) 弧状連結な X が単連結であるための必要十分条件は，任意の 2 点 $x, y \in X$ を結ぶ道がすべて互いにホモトープとなることである．
(2) 可縮な空間 X は単連結，すなわち $\pi_1(X) = \{e\}$ である．

解 (1) X が単連結のとき，$\gamma_0, \gamma_1 \in \Omega(X, x, y)$ を x と y を結ぶ道とすると，$\gamma_0 \cdot \gamma_1^{-1} \in \Omega(X, x)$ は x を基点とする閉じた道であるから零ホモトープ，すなわち $\gamma_0 \cdot \gamma_1^{-1} \sim e_x$．したがって $\gamma_0 \sim \gamma_1$．

逆については，$x \in X$ を基点とする任意の閉じた道 $\gamma \in \Omega(X, x)$ に対して，$\gamma_0(t) = \gamma(t/2)$, $\gamma_1(t) = \gamma(t/2 + 1/2)$, $\gamma(1/2) = y$ とおくと，$\gamma = \gamma_0 \cdot \gamma_1$ かつ $\gamma_0, \gamma_1^{-1} \in \Omega(X, x, y)$．仮定により $\gamma_0 \sim \gamma_1^{-1}$ であるから，$\gamma = \gamma_0 \cdot \gamma_1 \sim e_x$．

(2) X を可縮とすると，問 5.2 により X は弧状連結．さらに X の 1 点 $\{x_0\}$ が X の変位レトラクトになるから，上の 3 条件 (i), (ii), (iii) をみたす連続写像 $H : X \times [0,1] \to \{x_0\}$ が存在する．したがって x_0 を基点とする閉じた道 $\gamma \in \Omega(X, x_0)$ に対して

$$F(t,s) = H(\gamma(t), s), \quad (t,s) \in [0,1] \times [0,1]$$

と定義すれば，F により γ は定値の道 e_{x_0} とホモトープとなる．ゆえに X は単連結である． □

例 5.1. n 次元ユークリッド空間

$$\boldsymbol{R}^n = \{x = (x_1, \ldots, x_n) \mid x_i \in \boldsymbol{R} \ (1 \leq i \leq n)\},$$

および $\boldsymbol{R}^n$ 内の単位開球体

$$B^n = \left\{ x = (x_1, \ldots, x_n) \in \boldsymbol{R}^n \ \middle| \ \sum_{i=1}^n x_i^2 < 1 \right\}$$

はともに可縮な位相空間であり，単連結である．

実際，どちらの場合にも

$$H(x, s) = sx \quad (x \in \boldsymbol{R}^n \text{ または } x \in B^n, s \in [0, 1])$$

とおけば，H は $x_0 = 0$ として $\boldsymbol{R}^n$ および B^n の可縮性を定義する連続写像をあたえる．ここに $sx = (sx_1, \ldots, sx_n)$ である．

$n+1$ 次元ユークリッド空間 $\boldsymbol{R}^{n+1}$ の部分集合

$$S^n = \left\{ (x_1, \ldots, x_{n+1}) \in \boldsymbol{R}^{n+1} \ \middle| \ \sum_{i=1}^{n+1} x_i^2 = 1 \right\}$$

を n 次元単位球面あるいは単に n 次元球面という．たとえば，0 次元球面 S^0 は 2 点からなる集合 $\{-1\} \cup \{1\} \subset \boldsymbol{R}$ であり，1 次元球面 S^1 は $\boldsymbol{R}^2$ 内の単位円周，また 2 次元球面 S^2 は $\boldsymbol{R}^3$ 内の半径 1 の球面に他ならない．1 次元球面 S^1 の基本群 $\pi_1(S^1)$ は，系 4.1 でみたように整数のなす加法群 $\boldsymbol{Z}$ と同型であった．これに対し，$n \geq 2$ のときは次の定理がなりたつ．

定理 5.1. $n \geq 2$ ならば S^n は単連結，すなわち

$$\pi_1(S^n) = \{e\}, \quad n \geq 2$$

である．

証明 S^n の開集合 U_+, U_- をそれぞれ $x_{n+1} > -1/2$, $x_{n+1} < 1/2$ をみたす点 $x = (x_1, \ldots, x_{n+1}) \in S^n$ の集合として定義する．すなわち

$$U_+ = \{x = (x_1, \ldots, x_{n+1}) \in S^n \mid x_{n+1} > -1/2\},$$
$$U_- = \{x = (x_1, \ldots, x_{n+1}) \in S^n \mid x_{n+1} < 1/2\}$$

である（図 14）．容易にわかるように，U_+, U_- は $\boldsymbol{R}^n$ 内の単位開球体 B^n（例 5.1）と同位相であり，例 5.1 と定理 2.3 から弧状連結かつ単連結である（章末の問題 5 参照）．$S^n = U_+ \cup U_-$ かつ $U_+ \cap U_- \neq \phi$ であるから，S^n の任意の点は $U_+ \cap U_-$ の 1 点と道によって結ぶことができる．したがって S^n は弧状連結であり，S^n の基本群 $\pi_1(S^n, x_0)$ は基点 x_0 のとり方によらない．

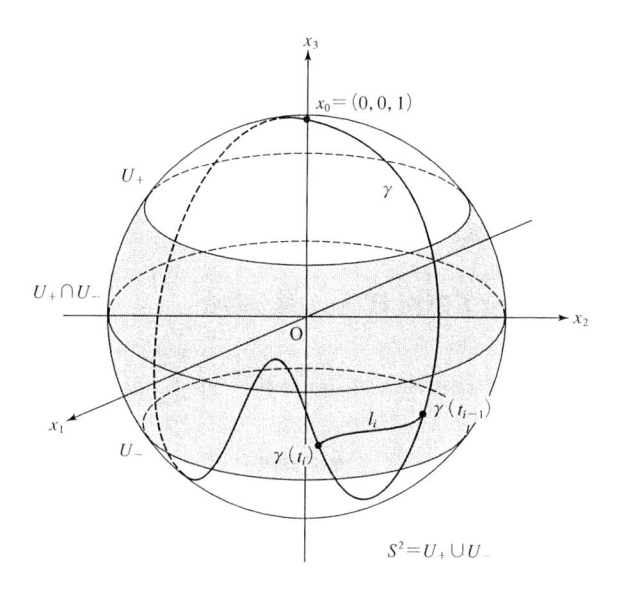

図 14

$n \geq 2$ のとき，S^n が単連結となることを証明しよう．$x_0 = (0, \ldots, 1) \in U_+ \subset S^n$ とし，$\gamma \in \Omega(S^n, x_0)$ を x_0 を基点とする閉じた道とする．γ が零ホモトープな道であることを示せばよい．そのために，γ が x_0 を基点とし U_+ に含まれる道とホモトープとなることを確かめよう．

§5. 球面の基本群

まず，γ は $I = [0,1]$ から S^n への連続写像であり，$S^n = U_+ \cup U_-$ だから，任意の $t \in I$ に対して t を含む十分小さな開区間の像は開集合 U_+ または U_- に含まれる．閉区間 I はコンパクトだから，I はこのような開区間の有限個で被覆される．したがって，γ に対して I の適当な分割

$$0 = t_0 < t_1 < \ldots < t_{m-1} < t_m = 1$$

が存在して，各閉区間 $I_i = [t_{i-1}, t_i]$ ($i = 1, \ldots, m$) の像 $\gamma(I_i)$ が U_+ あるいは U_- に含まれているようにすることができる．必要ならば分点を減らすことにより，$\gamma(I_i)$ が U_+（または U_-）に含まれるならば，$\gamma(I_{i+1})$ は U_-（または U_+）に含まれるとしてよい．

$\gamma(I_i) \subset U_-$ としよう．このとき，分点のとり方から $\gamma(t_{i-1}), \gamma(t_i) \in U_+ \cap U_-$ となることに注意．一方，$U_+ \cap U_-$ は積空間 $S^{n-1} \times (-1/2, 1/2)$ と同位相であり，$n \geq 2$ ならば弧状連結．よって $\gamma(t_{i-1})$ と $\gamma(t_i)$ を結ぶ $U_+ \cap U_-$ 内の道 $l_i : I \to U_+ \cap U_-$ が存在する．そこで道 γ_i を

$$\gamma_i(t) = \gamma(t_{i-1} + t(t_i - t_{i-1})), \quad t \in I$$

と定義すると，$\gamma_i(I) = \gamma(I_i) \subset U_-$ であるから，l_i と γ_i はともに $\gamma(t_{i-1})$ と $\gamma(t_i)$ を結ぶ U_- 内の道である．U_- は単連結だから，例題 5.1 により l_i と γ_i は（U_- 内で）ホモトープである．よって新しい道 $\gamma' : I \to S^n$ を

$$\gamma'(t) = \begin{cases} \gamma(t), & t \notin I_i \\ l_i\left(\dfrac{t - t_{i-1}}{t_i - t_{i-1}}\right), & t \in I_i \end{cases}$$

と定義すると，γ' は γ とホモトープな道であって $\gamma'(I_i) \in U_+$ となる．

さて $\gamma(I_1) \subset U_+$ であるから，以上の操作を $\gamma(I_i) \subset U_-$ となる i について順次行い，γ をこれとホモトープな道 γ' で置き換えていくことにより，最終的に γ は x_0 を基点とし U_+ に含まれる道 $\gamma^* : I \to U_+$ とホモトープとなる．U_+ は単連結だから，γ^* は U_+ において零ホモトープ，したがって γ は S^n において零ホモトープとなる．ゆえに $n \geq 2$ のとき S^n は単連結である． □

$n \geq 2$ のとき n 次元球面 S^n は単連結であるが，可縮ではないことを注意しておこう[†]．

例題 5.2. X, Y を位相空間とし，$x_0 \in X, y_0 \in Y$ とする．このとき X と Y の直積位相空間 $X \times Y$ の基本群 $\pi_1(X \times Y, (x_0, y_0))$ は，それぞれの基本群 $\pi_1(X, x_0)$, $\pi_1(Y, y_0)$ の直積 $\pi_1(X, x_0) \times \pi_1(Y, y_0)$ と同型である．すなわち

$$\pi_1(X \times Y, (x_0, y_0)) \simeq \pi_1(X, x_0) \times \pi_1(Y, y_0)$$

がなりたつ．

解 直積空間 $X \times Y$ から X, Y への射影 $p_1 : X \times Y \to X$, $p_2 : X \times Y \to Y$ をそれぞれ $p_1(x, y) = x$, $p_2(x, y) = y$ と定義する．p_1, p_2 は連続写像であるから，基本群の間の準同型写像

$$p_{1*} : \pi_1(X \times Y, (x_0, y_0)) \to \pi_1(X, x_0)$$
$$p_{2*} : \pi_1(X \times Y, (x_0, y_0)) \to \pi_1(Y, y_0)$$

を誘導する．実際，(x_0, y_0) を基点とする $X \times Y$ の閉じた道 γ に対して，$p_1 \circ \gamma$, $p_2 \circ \gamma$ はそれぞれ x_0, y_0 を基点とする X および Y の閉じた道となり，定義 2.2 から，p_{1*}, p_{2*} は $p_{1*}([\gamma]) = [p_1 \circ \gamma]$, $p_{2*}([\gamma]) = [p_2 \circ \gamma]$ であたえられる．そこで写像

$$p : \pi_1(X \times Y, (x_0, y_0)) \to \pi_1(X, x_0) \times \pi_2(Y, y_0)$$

を $p([\gamma]) = (p_{1*}([\gamma]), p_{2*}([\gamma]))$ と定義する．この p が求める同型写像である．

p が群の間の準同型写像であることは明らかだから，p が全単射であることをみればよい．$[\gamma_1] \in \pi_1(X, x_0)$ と $[\gamma_2] \in \pi_1(Y, y_0)$ に対して，$X \times Y$ の道 $\gamma_1 \times \gamma_2 : [0, 1] \to X \times Y$ を $\gamma_1 \times \gamma_2(t) = (\gamma_1(t), \gamma_2(t))$ $(t \in [0, 1])$ と定義する．$\gamma_1 \times \gamma_2$ は (x_0, y_0) を基点とする閉じた道であり $p([\gamma_1 \times \gamma_2]) = ([\gamma_1], [\gamma_2])$ となるから，p は全射である．とくに γ_1 と γ_2 が零ホモトープならば，$\gamma_1 \times \gamma_2$ は $X \times Y$ の道として零ホモトープとなるから p は単射でもある． □

[†] たとえば，一楽重雄著「位相幾何学」（本講座 8）をみよ．

§6. 不動点定理

$\boldsymbol{R}^2$ 内の単位円周 S^1 の n 個の直積集合

$$T^n = S^1 \times \ldots \times S^1 \subset \boldsymbol{R}^2 \times \ldots \times \boldsymbol{R}^2 \subset \boldsymbol{R}^{2n}$$

を n 次元トーラスという．たとえば，T^1 は S^1 自身，$T^2 = S^1 \times S^1$ は $\boldsymbol{R}^4$ 内の部分集合で，図 15 にあるような $\boldsymbol{R}^3$ 内の輪環面すなわちドーナツの表面と同位相な図形である．このとき次の結果がなりたつ．

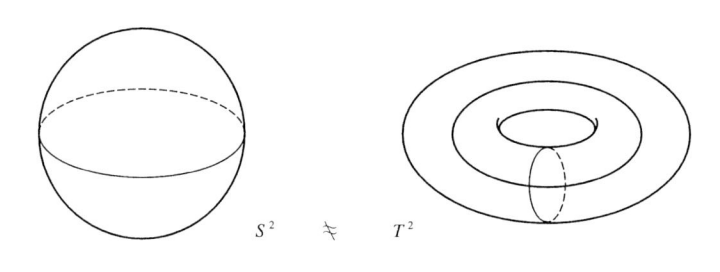

図 15

定理 5.2. $n \geq 2$ のとき，S^n と T^n は同位相ではない．

証明 例題 5.2 と系 4.1 から，n 次元トーラス T^n の基本群 $\pi_1(T^n)$ は加法群 $\boldsymbol{Z}$ の n 個の直積 $\boldsymbol{Z} \times \ldots \times \boldsymbol{Z}$ と同型であることがわかる．一方 $n \geq 2$ のとき，定理 5.1 でみたように n 次元球面 S^n は単連結であり $\pi_1(S^n) = \{e\}$．よって $\pi_1(T^n)$ と $\pi_1(S^n)$ は同型ではない．したがって基本群の位相不変性（定理 2.3）より，$n \geq 2$ のとき S^n と T^n は同位相になりえない． □

§6. 不動点定理

$f: X \to X$ を集合 X から自分自身への写像とする．このとき，$f(x) = x$ をみたす点 $x \in X$ を f の**不動点**という．

例 6.1. D^1 を閉区間 $[-1, 1]$ とし $f: D^1 \to D^1$ を連続写像とすると，f は必ず不動点をもつ．

実際，$f(-1) = -1$ あるいは $f(1) = 1$ ならば，-1 あるいは 1 が不動点である．$f(-1) \neq -1$ かつ $f(1) \neq 1$ ならば，$g(x) = f(x) - x$ とおくと，$g: D^1 \to \boldsymbol{R}$

は連続関数であり $g(-1) > 0$ かつ $g(1) < 0$ であるから，中間値の定理により $g(\bar{x}) = 0$ すなわち $f(\bar{x}) = \bar{x}$ となる点 $\bar{x} \in D^1$ が存在する．したがって，いずれの場合にも f が不動点をもつことがわかる．

問 6.1. 連続写像でない $f: D^1 \to D^1$ は必ずしも不動点をもたない．また B^1 を開区間 $(-1,1)$ とすると，連続写像 $f: B^1 \to B^1$ は必ずしも不動点をもたない．このような f の例を構成せよ．

例 6.1 の現象を一般化して，n 次元ユークリッド空間内の単位閉球体

$$D^n = \left\{ x = (x_1, \ldots, x_n) \in \boldsymbol{R}^n \;\middle|\; \sum_{i=1}^n x_i^2 \leq 1 \right\}$$

について不動点の存在問題を考えてみよう．このとき，次のブラウアーの**不動点定理**がなりたつ．

定理 6.1. (ブラウアーの不動点定理)　n 次元単位閉球体 D^n から D^n への連続写像 $f: D^n \to D^n$ は必ず不動点をもつ．

この定理を 2 次元 ($n=2$) の場合に，基本群を利用して証明してみよう．2 次元単位閉球体 D^2 を**単位閉円板**という．単位閉円板 D^2 の境界 ∂D^2 は単位円周 S^1 に他ならないことに注意するとき，次の補題がなりたつ．

補題 6.1.　2 次元単位閉円板 D^2 から単位円周 S^1 へのレトラクション $r: D^2 \to S^1$ は存在しない．

証明　S^1 の D^2 への包含写像を $i: S^1 \to D^2$ とし，レトラクション $r: D^2 \to S^1$ が存在したとする．このとき r と i の合成は S^1 の恒等写像すなわち $r \circ i = \mathrm{id}_{S^1}$ であるから，基本群の間に誘導する準同型写像

$$r_*: \pi_1(D^2, x_0) \to \pi_1(S^1, x_0),\ i_*: \pi_1(S^1, x_0) \to \pi_1(D^2, x_0), \quad x_0 \in S^1$$

について，例題 2.1 より

$$r_* \circ i_* = \mathrm{id}_{\pi_1(S^1, x_0)} : \pi_1(S^1, x_0) \to \pi_1(S^1, x_0)$$

がなりたつ．したがって $i_* : \pi_1(S^1, x_0) \to \pi_1(D^2, x_0)$ は単射でなければならない．

ところで，系 4.1 より $\pi_1(S^1, x_0) = \mathbf{Z}$．また例 5.1 と同様の理由により，$D^2$ は可縮であり単連結であるから $\pi_1(D^2, x_0) = \{e\}$．よって準同型写像 i_* は単射ではありえない．これは矛盾である．ゆえにこのようなレトラクション r は存在しない． □

問 6.2. 単位円周 S^1 は $\mathbf{R}^2$ のレトラクトではない，すなわち $\mathbf{R}^2$ から S^1 へのレトラクションは存在しないことを証明せよ．

定理 6.1 の証明 ($n=2$ の場合) 不動点をもたない連続写像 $f: D^2 \to D^2$ が存在すると仮定して矛盾を導こう．f は不動点をもたないから，D^2 の任意の点 x に対して $f(x) \neq x$ である．よって $f(x)$ と x を通る直線が一意的に決まる．この直線と D^2 の境界 S^1 との交点のうち x の側にある点を $r(x)$ とおく（図 16）．x に関して $f(x)$ は連続的に動くから，容易にわかるように $f(x)$ と x を結ぶ直線と S^1 との交点 $r(x)$ も連続に変化する．したがって，$x \in D^2$ に $r(x) \in S^1$ を対応させることにより連続写像 $r: D^2 \to S^1$ がえられる．とくに $x \in S^1$ とすると，定義より $r(x) = x$ だから，r は D^2 から S^1 へのレトラクションを定める．これは補題 6.1 に矛盾する．ゆえに f は不動点を少なくとも 1 つもたなければならない． □

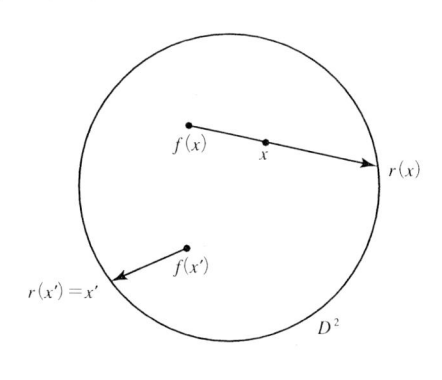

図 16

問 6.3. $x \in D^2$ に対して $y = (x - f(x))/\|x - f(x)\|$ とおくと,上のレトラクション $r(x)$ は
$$r(x) = x + \lambda y, \quad \lambda = -\langle x, y \rangle + \sqrt{1 - \langle x, x \rangle + \langle x, y \rangle^2}$$
であたえられることを示せ.

系 6.1. X を単位閉球体 D^n に同位相な位相空間とするとき,連続写像 $f: X \to X$ は必ず不動点をもつ.

証明 $h: X \to D^n$ を同相写像とするとき,定理 6.1 により連続写像 $h \circ f \circ h^{-1}: D^n \to D^n$ は少なくとも 1 つ不動点 $x \in D^n$ をもつ.このとき,$h \circ f \circ h^{-1}(x) = x$ かつ h は同相写像だから $f \circ h^{-1}(x) = h^{-1}(x)$ がなりたつ.すなわち $h^{-1}(x) \in X$ は f の不動点である. □

系 6.1 における X の例としては,たとえば $\boldsymbol{R}^n$ 内の有界凸閉集合がある(章末の問題 6 参照).

次にブラウアーの不動点定理の応用として,代数学の基本定理を証明しよう.

定理 6.2. (代数学の基本定理) $a_1, a_2, \ldots, a_n$ を複素数とするとき,方程式 $P(z) = z^n + a_1 z^{n-1} + a_2 z^{n-2} + \cdots + a_{n-1} z + a_n = 0 \ (n \geq 1)$ は複素数の範囲で必ず根をもつ.

証明 $R = 2^{n+1} + |a_1| + \cdots + |a_n| \geq 2$ とおく.連続関数 $\varphi: [0, \infty) \to \boldsymbol{R}$ を
$$\varphi(t) = \begin{cases} 1, & t \in [0, 1] \\ 2 - t, & t \in [1, 2] \\ 0, & t \in [2, \infty) \end{cases}$$
で定め(図 17),複素平面 $\boldsymbol{C}$ 上の関数 $f: \boldsymbol{C} \to \boldsymbol{C}$ を

(6.1) $\quad f(z) = \begin{cases} z - \dfrac{P(z)}{R} \left(\varphi(|z|) + (1 - \varphi(|z|)) \dfrac{1}{z^{n-1}} \right), & z \neq 0 \\ -\dfrac{P(0)}{R}, & z = 0 \end{cases}$

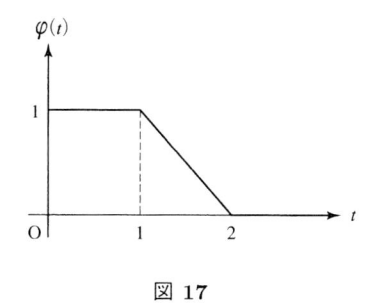

§6. 不動点定理

図 17

と定義する．$P(z)$ は複素平面 $\boldsymbol{C}$ から $\boldsymbol{C}$ への連続写像であるから，定義式 (6.1) より $f(z)$ も $\boldsymbol{C}$ から $\boldsymbol{C}$ への連続写像を定める．

さて $\boldsymbol{C}$ 内の原点中心，半径 R の閉円板 $D^2(R) = \{z \in \boldsymbol{C} \mid |z| \leq R\}$ を考える．このとき f は $D^2(R)$ を $D^2(R)$ に写す．実際，$|z| \leq 1$ ならば

$$|f(z)| = \left| z - \frac{P(z)}{R} \right| \leq |z| + \frac{|P(z)|}{R}$$

$$\leq 1 + (1 + |a_1| + \cdots + |a_n|)R^{-1} < 2 < R$$

であり，$2 \leq |z| \leq R$ ならば

$$|f(z)| = \left| z - \frac{P(z)}{Rz^{n-1}} \right| = \left| z - \frac{z}{R} - \frac{a_1 z^{n-1} + \cdots + a_n}{Rz^{n-1}} \right|$$

$$\leq |z|(1 - R^{-1}) + (|a_1| + \cdots + |a_n|)R^{-1}$$

$$\leq R(1 - R^{-1}) + (R - 2^{n+1})R^{-1} < R$$

となる．同様にして $1 \leq |z| \leq 2$ の場合も

$$|f(z)| = \left| \varphi(|z|)\left(z - \frac{P(z)}{R}\right) + (1 - \varphi(|z|))\left(z - \frac{P(z)}{Rz^{n-1}}\right) \right|$$

$$\leq \varphi(|z|)\left\{|z| + |z|^n(1 + |a_1| + \cdots + |a_n|)R^{-1}\right\}$$
$$\quad + (1 - \varphi(|z|))\left\{|z|(1 - R^{-1}) + (|a_1| + \cdots + |a_n|)R^{-1}\right\}$$

$$< \varphi(|z|)(2 + 2^n)$$
$$\quad + (1 - \varphi(|z|))\left\{R(1 - R^{-1}) + (R - 2^{n+1})R^{-1}\right\}$$

$$< \varphi(|z|)R + (1 - \varphi(|z|))R = R$$

をえる.

明らかに閉円板 $D^2(R) \subset \boldsymbol{C}$ は $\boldsymbol{R}^2$ 内の単位閉円板 $D^2 \subset \boldsymbol{R}^2$ と同位相であるから,系 6.1 より f は $D^2(R)$ 内に不動点 z_0 をもつ.よって $f(z_0) = z_0$ がなりたつが,(6.1) からこれは $P(z_0) = 0$ を意味する.すなわち $z_0 \in \boldsymbol{C}$ は方程式 $P(z) = 0$ の根である. □

問 6.4. 実係数多項式は実数の範囲で 2 次式と 1 次式の積に分解されることを証明せよ.

問　題　1

1. （ワイエルシュトラスの近似定理）閉区間 $[0,1]$ 上の連続関数 $f(x)$ に対して,多項式関数
$$P_n(x) = \sum_{i=0}^{n} \binom{n}{i} f\left(\frac{i}{n}\right) x^i (1-x)^{n-i}$$
は,$n \to \infty$ のとき $[0,1]$ 上で $f(x)$ に一様収束する.

すなわち,任意にあたえた正数 $\epsilon > 0$ に対して,自然数 $n \in \boldsymbol{N}$ を十分大きくとれば
$$|f(x) - P_n(x)| < \epsilon$$
がすべての $x \in [0,1]$ についてなりたつ.このことを証明せよ.

2. $f: X \to Y$ を位相空間 X, Y の間の連続写像とし,$f(x_0) = f(x_1) = y$ とする.X が弧状連結であれば,f が基本群の間に誘導する準同型写像 f_* による $\pi_1(X, x_0)$ と $\pi_1(X, x_1)$ の像は群 $\pi_1(Y, y)$ の共役部分群となることを証明せよ.

3. $\boldsymbol{R}^n$ 内の円環領域
$$A^n = \{x \in \boldsymbol{R}^n \mid a < \|x\| < b\}, \quad a, b > 0$$
の基本群を求めよ.

4. (1) $\boldsymbol{R}^n \setminus \{0\}$ の基本群を求めよ.
(2) $\boldsymbol{R}^n \setminus \boldsymbol{R}^1$ の基本群を求めよ.

5. n 次元単位球面 $S^n \subset \boldsymbol{R}^{n+1}$ の北極 $N = (0, \ldots, 0, 1) \in S^n$ と点 $p = (x_1, \ldots, x_{n+1}) \in S^n \setminus \{N\}$ を結ぶ直線が,$x_{n+1} = 0$ で定義される超平面 $\boldsymbol{R}^n \subset \boldsymbol{R}^{n+1}$ と交わる点を $\sigma(p) \in \boldsymbol{R}^n$ とするとき,p に $\sigma(p)$ を対応させる写像 $\sigma: S^n \setminus \{N\} \to \boldsymbol{R}^n$ を N からの**立体射影**という（図 18）.このとき次を証明せよ.

(1) $\sigma : S^n \setminus \{N\} \to \mathbf{R}^n$ は同相写像である．
(2) S^n から任意の 1 点 $p \in S^n$ を除いた位相空間 $S^n \setminus \{p\}$ は，可縮な空間であり単連結である．

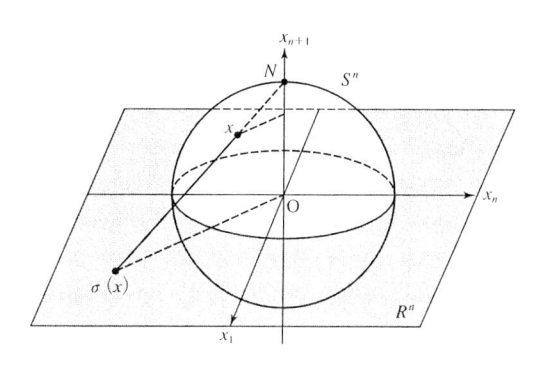

図 18

6. (1) $\mathbf{R}^1$ と $\mathbf{R}^2$ は同位相でないことを証明せよ．
(2) $\mathbf{R}^2$ と $\mathbf{R}^n$ $(n \geq 3)$ は同位相でないことを証明せよ．

7. $\mathbf{R}^n$ 内の有界凸閉集合が内点をもつならば，n 次元閉球体 D^n と同位相であることを証明せよ．

8. A, B を位相空間 X の開集合とし，$X = A \cup B$ とする．このとき，A と B が単連結であり $A \cap B$ が空でない弧状連結集合ならば，X は単連結であることを証明せよ．

9. 位相空間 X, Y と連続写像 $f, g : X \to Y$ に対して，連続写像 $H : X \times [0,1] \to Y$ が存在して $H(x,0) = f(x)$, $H(x,1) = g(x)$ $(x \in X)$ がなりたつとき，f と g はホモトープであるといい $f \simeq g$ とあらわす．とくに，f と g が基点の定められた空間の間の連続写像 $f, g : (X, x) \to (Y, y)$ であり $H(x, s) = y$ $(s \in [0,1])$ がなりたつとき，f と g は基点を止めてホモトープであるという．$f, g : (X, x) \to (Y, y)$ が基点を止めてホモトープならば，f, g から誘導される基本群の間の準同型写像 $f_*, g_* : \pi_1(X, x) \to \pi_1(Y, y)$ は等しいことを証明せよ．

10. 位相空間 X, Y に対して，連続写像 $f : X \to Y$, $g : Y \to X$ が存在して $g \circ f \simeq \mathrm{id}_X$ および $f \circ g \simeq \mathrm{id}_Y$ がなりたつとき，X と Y はホモトピー同値であるという．X と Y がホモトピー同値ならば，任意の基点 $x \in X$ について $f_* : \pi_1(X, x) \to \pi_1(Y, f(x))$ は同型写像になることを証明せよ．この事実を**基本群のホモトピー不変性**という．

第 2 章

曲線の微分幾何

　この章では，ユークリッド空間内の滑らかな曲線の微分幾何的性質について考察する．滑らかな曲線に対しては，曲率や捩率といった不変量が定義され，これを通して平面曲線や空間曲線のいろいろな性質を調べることができる．たとえば，平面上の閉じた曲線が凸曲線であるかどうかといった大域的な形状に関する性質も，曲率という局所的に計算できる量を用いて確かめることができる．

§7. 正 則 な 曲 線

　$\boldsymbol{R}^3 = \{(x, y, z) \mid x, y, z \in \boldsymbol{R}\}$ を 3 次元ユークリッド空間とする．開区間 (a, b) $(a < b)$ 上で定義された C^∞ 級写像 $\alpha : (a, b) \to \boldsymbol{R}^3$ を $\boldsymbol{R}^3$ 内の滑らかな**曲線**という．ここで α が C^∞ 級の写像であるとは，各 $t \in (a, b)$ に対して $\alpha(t)$ を

$$(7.1) \qquad \alpha(t) = (x(t), y(t), z(t)) \in \boldsymbol{R}^3$$

とあらわすとき，(a, b) 上の関数 $x(t), y(t), z(t)$ がすべて C^∞ 級すなわち無限回連続微分可能となることをいう．(7.1) を曲線 α の**パラメーター表示**といい，t を曲線の**パラメーター**という．

　$I = [a, b]$ $(a < b)$ を閉区間としよう[†]．I 上で定義された写像 $\alpha : I \to \boldsymbol{R}^3$ が滑らかな**曲線**であるとは，I を含むある開区間 (c, d) $(c < a < b < d)$ 上で定義された $\boldsymbol{R}^3$ 内の滑らかな曲線 $\tilde{\alpha} : (c, d) \to \boldsymbol{R}^3$ が存在して，α が $\tilde{\alpha}$ の制限になること，

[†] 便宜上，閉区間 $I = [a, b]$ として $a = -\infty$ または $b = +\infty$ の場合も許すことにする．

§7. 正則な曲線

すなわち $\alpha(t) = \tilde{\alpha}(t)$ が任意の $t \in I$ についてなりたつときをいう．いいかえると閉区間上で定義された滑らかな曲線とは，この閉区間を含む適当な開区間上の滑らかな曲線に拡張できるものをいうわけである．

I 上で定義された滑らかな曲線 $\alpha : I \to \boldsymbol{R}^3$ に対して

$$(7.2) \qquad \alpha'(t) = (x'(t), y'(t), z'(t)) = \left(\frac{dx}{dt}(t), \frac{dy}{dt}(t), \frac{dz}{dt}(t) \right) = \frac{d\alpha}{dt}(t)$$

で定義される $\boldsymbol{R}^3$ のベクトルを α の t における**接ベクトル**という．$\alpha(t)$ が時間 t のときの点の位置をあらわすと考えると，$\alpha'(t)$ はこの点の運動の速度ベクトルをあらわしている（図 19）．このことから，接ベクトル $\alpha'(t)$ を物理での記法にならって $\dot{\alpha}(t)$ と書くことも多い．定義式 (7.2) より $\alpha'(t)$ は $\boldsymbol{R}^3$ の原点に始点をもつベクトルであるが，図 19 におけるように始点を $\alpha(t)$ まで平行移動して，点 $\alpha(t)$ における α の接線の方向を示すベクトルと考えると幾何学的意味が理解しやすい．また，α の端点 $\alpha(a), \alpha(b)$ における接ベクトル $\alpha'(a)$ と $\alpha'(b)$ は，α を I を含む開区間上に拡張した滑らかな曲線 $\tilde{\alpha}$ のこれらの点における接ベクトルと（拡張の仕方によらずに）一致することに注意しておこう．

問 7.1. このことを確かめよ．

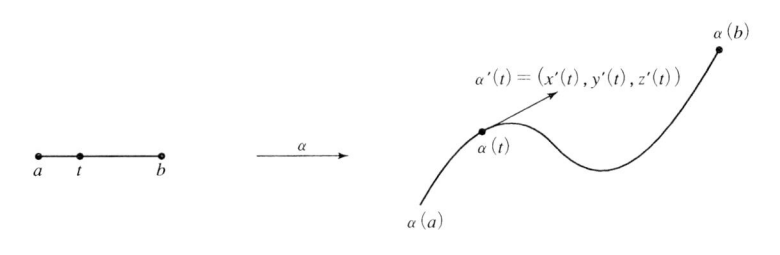

図 19

曲線 $\alpha : I \to \boldsymbol{R}^3$ のパラメーター表示 $\alpha(t) = (x(t), y(t), z(t))$ に対してつねに $z(t) = 0$ となるとき，すなわち α が I から 2 次元ユークリッド空間 $\boldsymbol{R}^2$ への写像であるとき，α を**平面曲線**とよび，そうでないとき α を**空間曲線**とよぶ．滑らかな平面曲線 $\alpha : I \to \boldsymbol{R}^2$ の接ベクトル $\alpha'(t)$ は，定義より $\alpha'(t) = (x'(t), y'(t)) \in \boldsymbol{R}^2$ であたえられる．

定義 7.1. I 上で定義された滑らかな曲線 $\alpha : I \to \mathbf{R}^3$ に対して，すべての $t \in I$ について

$$\alpha'(t) \neq 0$$

がなりたつとき，この曲線を**正則な滑らかな曲線**あるいは簡単に**正則な曲線**という．

例 7.1. $\mathbf{R}^3$ 内の滑らかな曲線 $\alpha : \mathbf{R} \to \mathbf{R}^3$ を

$$\alpha(t) = (a\cos t, a\sin t, bt), \quad t \in \mathbf{R}, \quad a, b > 0$$

で定義しよう．図 20 にあるように，曲線 α の像は $\mathbf{R}^3$ 内の**常螺旋**を描き，α の t における接ベクトルは

$$\alpha'(t) = (-a\sin t, a\cos t, b)$$

であたえられる．任意の t について $\alpha'(t) \neq 0$ であるから，α は正則な空間曲線である．

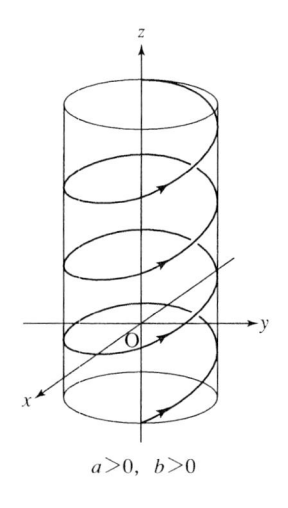

$a>0,\ b>0$

図 20

§7. 正則な曲線

例 7.2. R^2 内の滑らかな曲線 $\alpha, \beta : R \to R^2$ を

$$\alpha(t) = (\cos t, \sin t), \quad \beta(t) = (\cos 2t, \sin 2t), \quad t \in R$$

で定義する．このとき，曲線 α と β の像はともに R^2 内の単位円周を描くが，写像としては異なっているので別の曲線であることに注意しよう．α と β の t における接ベクトルはそれぞれ

$$\alpha'(t) = (-\sin t, \cos t), \quad \beta'(t) = (-2\sin 2t, 2\cos 2t)$$

であたえられる（図 21）．任意の t について $\alpha'(t) \neq 0$, $\beta'(t) \neq 0$ であるから，α, β はともに正則な平面曲線である．

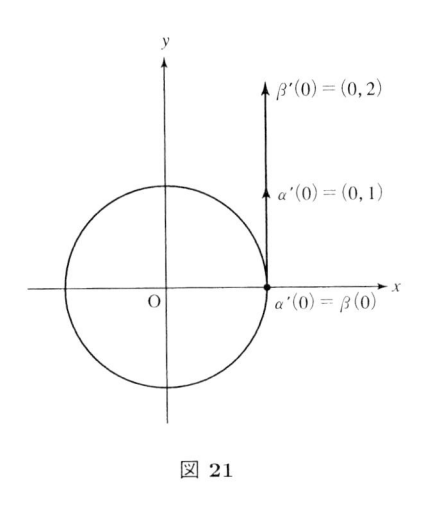

図 21

例 7.3. 写像 $\alpha : R \to R^2$ を $\alpha(t) = (t^3, t^2)$, $t \in R$ で定義する（図 22 左）．このとき，α の像は $t = 0$ において尖った点をもつが，α は滑らかな平面曲線を定めることに注意しよう．しかし，接ベクトルについて $\alpha'(0) = 0$ となるから，α は正則な曲線ではない．

例 7.4. 写像 $\alpha : R \to R^2$ を $\alpha(t) = (t, |t|)$, $t \in R$ と定義すると（図 22 右），関数 $|t|$ は $t = 0$ において微分可能でないので，α は滑らかな平面曲線を定めていない（章末の問題 1 参照）．

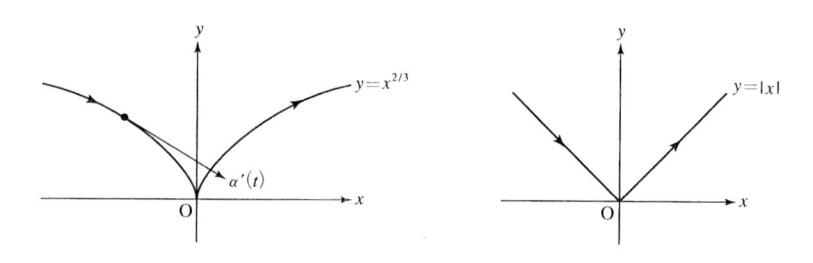

図 22

 $\alpha : I \to \mathbf{R}^3$ を閉区間 $I = [a,b]$ 上で定義された滑らかな曲線とし,$\alpha'(t) = (x'(t), y'(t), z'(t))$ を α の t における接ベクトルとする.各 $t \in I$ に対して,接ベクトル $\alpha'(t)$ の長さは

$$\|\alpha'(t)\| = \sqrt{x'(t)^2 + y'(t)^2 + z'(t)^2}$$

であたえられ,$\alpha(t)$ を点の位置と考えるときの時間 t における運動の速さをあらわす.この接ベクトルの長さを a から b まで積分することにより曲線 α の長さ

$$l = \int_a^b \|\alpha'(t)\| dt$$

がえられる.とくに,各 $t \in I$ に対して $\|\alpha'(t)\|$ を a から t まで積分してえられる関数

(7.3) $$s(t) = \int_a^t \|\alpha'(t)\| dt$$

を曲線 α の**弧長**という.正確には被積分関数の変数を t と区別して

$$s(t) = \int_a^t \|\alpha'(u)\| du$$

のように書くべきであるが,習慣上 (7.3) のように書くことが多い.$s(a) = 0$ かつ $s(b) = l$ である.

 閉区間 $I = [a,b]$ 上で定義された滑らかな曲線 $\alpha : I \to \mathbf{R}^3$ に対して,別の閉区間 $[c,d]$ から I の上への C^∞ 級写像 $\theta : [c,d] \to [a,b]$ で,任意の $t \in [c,d]$ に対して $\theta'(t) \neq 0$ となるものが存在するとき,θ を**パラメーターの変換**といい,α と

§7. 正則な曲線

θ を合成してえられる写像 $\beta = \alpha \circ \theta : [c,d] \to \boldsymbol{R}^3$ を α からパラメーターを変換してえられる滑らかな曲線という[†]．β が閉区間 $[c,d]$ 上で定義された滑らかな曲線となることは明らかであろう．とくに，パラメーターの変換として $\theta(t) = -t$ で定義される C^∞ 級写像 $\theta : [-b, -a] \to [a,b]$ をとることによりえられる滑らかな曲線 $\beta = \alpha \circ \theta : [-b, -a] \to \boldsymbol{R}^2$ を，α の向きを変えた曲線という．

例 7.2 でみたように，パラメーター表示された曲線は写像として定義されているので，その像を決めても定義域やパラメーターの選び方には任意性があった．しかし，曲線の長さはこれらを取り替えてもかわらない「幾何学的な量」であることがわかる．

命題 7.1. $\alpha : I \to \boldsymbol{R}^3$ を閉区間 $I = [a,b]$ 上で定義された滑らかな曲線とし，$\theta : [c,d] \to [a,b]$ をパラメーターの変換とする．このとき，曲線 α と曲線 $\beta = \alpha \circ \theta$ は同じ長さをもつ．

証明 合成関数の微分法より，$\beta(t) = \alpha(\theta(t))$ の接ベクトルについて

$$\beta'(t) = \alpha'(\theta(t)) \cdot \theta'(t), \quad t \in [c,d]$$

がなりたつから，定義より曲線 β の長さは

$$\int_c^d \|\beta'(t)\| dt = \int_c^d \|\alpha'(\theta(t))\| |\theta'(t)| dt$$

であたえられる．

一方，パラメーターの変換 θ について，つねに $\theta'(t) \neq 0$ かつ $\theta'(t)$ は連続であるから，$[c,d]$ 上で恒等的に $\theta' > 0$ または $\theta' < 0$ がなりたつ．したがって，$\theta' > 0$ の場合は $\theta(c) = a$ かつ $\theta(d) = b$ だから

$$\int_c^d \|\beta'(t)\| dt = \int_c^d \|\alpha'(\theta(t))\| \theta'(t) dt = \int_a^b \|\alpha'(t)\| dt.$$

また，$\theta' < 0$ の場合は $\theta(c) = b$ かつ $\theta(d) = a$ だから

$$\int_c^d \|\beta'(t)\| dt = -\int_c^d \|\alpha'(\theta(t))\| \theta'(t) dt = -\int_b^a \|\alpha'(t)\| dt = \int_a^b \|\alpha'(t)\| dt$$

[†] $\theta : [c,d] \to [a,b]$ が C^∞ 級であるとは，θ が $[c,d]$ を含むある開区間で定義された C^∞ 級写像の制限になっていることを意味する．

をえる. □

 I 上で定義された滑らかな曲線 $\alpha : I \to \mathbb{R}^3$ がとくに正則な曲線ならば，任意の $t \in I$ について $\alpha'(t) \neq 0$，したがって $\|\alpha'(t)\| > 0$ であるので，α の弧長 $s(t)$ は t の単調増加関数となる．よって $s(t)$ は逆関数をもち，t を逆に s の関数として書くことができる．$\alpha(t)$ が時間 t での点の位置をあらわすと考えるとき，条件 $\alpha'(t) \neq 0$ はこの点の運動が途中で止まったりしないことを意味するわけだから，動いた距離 s から時間 t が割り出せるというわけである．実際 $\alpha'(t) \neq 0$ より，(7.3) から s は t の C^∞ 級関数であり

$$(7.4) \qquad \frac{ds}{dt} = \|\alpha'(t)\|$$

であることがわかる．

 s の逆関数 $t = t(s)$ も s の C^∞ 級関数であり，これを (7.1) に代入することにより，曲線 α の弧長 s をパラメーターとする表示

$$\alpha(s) = (x(t(s)), y(t(s)), z(t(s)))$$

がえられる．この表示により α は滑らかな曲線 $\alpha : [0, l] \to \mathbb{R}^3$ を定めていると考えることができるが，これも正則な曲線である．実際，合成関数の微分法より，α の s での接ベクトル $\alpha'(s)$ は

$$\alpha'(s) = (x'(t), y'(t), z'(t))\frac{dt}{ds} = \alpha'(t)\frac{dt}{ds}$$

であたえられるから，$dt/ds = (ds/dt)^{-1} > 0$ に注意して

$$\|\alpha'(s)\| = \|\alpha'(t)\|\frac{dt}{ds} = \frac{ds}{dt}\frac{dt}{ds} = 1$$

をえる．いいかえると，距離 s をパラメーターにとれば $\alpha(s)$ は等速度運動をあらわし，速度がつねに 1 になるというわけである．よって，とくに $\alpha'(s) \neq 0$ である．

また逆に，曲線 $\alpha : I \to \mathbb{R}^3$ に対してつねに $\|\alpha'(t)\| = 1$ がなりたつならば，(7.3) より

$$s = \int_a^t dt = t - a$$

§7. 正則な曲線

であるから，t は弧長 s を定数だけずらしたパラメーターに他ならないことがわかる．以上をまとめて次の補題をえる．

補題 7.1. (1) 閉区間 I 上で定義された正則な曲線 $\alpha : I \to \boldsymbol{R}^3$ は弧長 s をパラメーターとして表示することができる．

(2) $\alpha : [0, l] \to \boldsymbol{R}^3$ を弧長 s でパラメーター表示された正則な曲線とすると，任意の $s \in [0, l]$ に対して $\|\alpha'(s)\| = 1$ がなりたつ．逆に，正則な曲線 $\alpha : I \to \boldsymbol{R}^3$ に対してつねに $\|\alpha'(t)\| = 1$ がなりたつならば，t は弧長 s を定数だけずらしたパラメーターである．

例 7.5. $\boldsymbol{R}^2$ 内の滑らかな曲線 $\alpha : [0, 2\pi] \to \boldsymbol{R}^2$ を

$$\alpha(t) = (r\cos t, r\sin t), \qquad t \in [0, 2\pi], \quad r > 0$$

で定義する．α の像は $\boldsymbol{R}^2$ 内の半径 r の円周である．α の接ベクトルは $\alpha'(t) = (-r\sin t, r\cos t)$ であるから $\|\alpha'(t)\| = r$．よって α の弧長は

$$s(t) = \int_0^t r\,dt = rt$$

となる．したがって t は $t = s/r$ と書け，α は弧長 s をパラメーターとして

$$\alpha(s) = \left(r\cos\frac{s}{r}, r\sin\frac{s}{r}\right)$$

と表示される．このとき $\alpha'(s) = (-\sin(s/r), \cos(s/r))$ であり $\|\alpha'(s)\| = 1$ であることは自明であろう．

例 7.6. $\boldsymbol{R}^2$ 内の滑らかな曲線 $\alpha : [0, 2\pi] \to \boldsymbol{R}^2$ を

$$\alpha(t) = (a\cos t, b\sin t), \quad t \in [0, 2\pi], \quad a > b > 0$$

で定義する．α の像は $\boldsymbol{R}^2$ 内の楕円であり（図 23），α の接ベクトルは $\alpha'(t) = (-a\sin t, b\cos t)$ であたえられる．したがって弧長は

$$\begin{aligned}s(t) &= \int_0^t \sqrt{a^2\sin^2 t + b^2\cos^2 t}\,dt \\ &= \int_0^t \sqrt{b^2 + (a^2 - b^2)\sin^2 t}\,dt\end{aligned}$$

となるが，この積分は楕円積分とよばれ一般に初等関数であらわすことはできない．

図 23

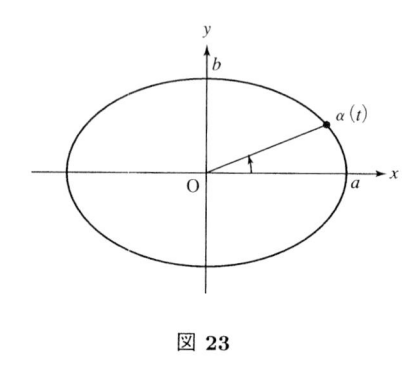

連続写像 $\alpha : [a,b] \to \mathbf{R}^3$ に対して，閉区間 $[a,b]$ の分割

$$a = t_0 < t_1 < \cdots < t_{k-1} < t_k = b$$

が存在して，各部分区間 $[t_{i-1}, t_i]$ への制限 $\alpha|[t_{i-1}, t_i]$ がすべての $i = 1, 2, \ldots, k$ について正則な滑らかな曲線となるとき，α を**区分的に正則な曲線**という．区分的に正則な曲線 α についても，各部分曲線 $\alpha|[t_{i-1}, t_i]$ の長さの和として α の長さが定義され，また弧長パラメーターも同様に定義できることは明らかであろう．

問 7.2. $\mathbf{R}^3$ 内の滑らかな曲線 $\alpha, \beta : \mathbf{R} \to \mathbf{R}^3$ を

$$\alpha(t) = (e^t \cos t, e^t \sin t, e^t), \quad \beta(t) = (\cosh t, \sinh t, t), \quad t \in \mathbf{R}$$

で定義する．ただし $\cosh t = (e^t + e^{-t})/2, \sinh t = (e^t - e^{-t})/2$ である．α, β を弧長 s をパラメーターとして表示せよ．

§8. 平 面 曲 線

$\alpha : I = [0, l] \to \mathbf{R}^2$ を正則な平面曲線とし，α は弧長 s をパラメーターとして

$$\alpha(s) = (x(s), y(s)), \quad s \in I$$

とあらわされているとしよう．このとき，曲線 α の s における接ベクトルは

$$\alpha'(s) = (x'(s), y'(s))$$

であたえられ，補題 7.1 でみたように単位ベクトルとなる．この単位ベクトルを $e_1(s)$ であらわし，点 $\alpha(s)$ において $e_1(s)$ と直交する単位ベクトルで $e_1(s)$ と正の向きをなすものを $e_2(s)$ とする（図 24 参照）．

すなわち，$e_1(s)$ に直交する単位ベクトルは 2 つあるが，$e_2(s)$ として組 $\{e_1(s), e_2(s)\}$ が $\boldsymbol{R}^2$ の正の向きの正規直交基底（右手系）となるものをとるわけである．いいかえると，$e_2(s)$ は $e_1(s)$ を正の向きに 90 度回転したベクトルに他ならず，$e_1(s), e_2(s)$ は

$$(8.1) \qquad e_1(s) = (x'(s), y'(s)), \quad e_2(s) = (-y'(s), x'(s))$$

であたえられる．このようにして曲線 α の各点 $\alpha(s)$ において定まる正の向きの正規直交基底 $\{e_1(s), e_2(s)\}$ を，α の**フレネ標構**という．

α のフレネ標構 $\{e_1(s), e_2(s)\}$ に対して，定義よりつねに

$$\langle e_1(s), e_1(s) \rangle = 1, \quad \langle e_2(s), e_2(s) \rangle = 1, \quad \langle e_1(s), e_2(s) \rangle = 0$$

がなりたつから，たとえば関係式 $\langle e_1(s), e_1(s) \rangle = 1$ を s について微分することにより

$$\langle e_1'(s), e_1(s) \rangle = 0$$

をえる．すなわち各 s に対してベクトル $e_1'(s)$ は $e_1(s)$ に直交する．よって，$e_1'(s)$ は $e_2(s)$ と平行になるので

$$(8.2) \qquad e_1'(s) = \kappa(s) e_2(s), \quad s \in [0, l]$$

と書くことができる．同様に関係式 $\langle e_2(s), e_2(s) \rangle = 1$ を微分することにより

$$\langle e_2'(s), e_2(s) \rangle = 0$$

をえるから，$e_2'(s) = \lambda(s) e_1(s)$ と書くことができることもわかる．一方，関係式 $\langle e_1(s), e_2(s) \rangle = 0$ を微分することにより

$$\langle e_1'(s), e_2(s) \rangle + \langle e_1(s), e_2'(s) \rangle = 0$$

をえるから，$e_1'(s) = \kappa(s)e_2(s)$ および $e_2'(s) = \lambda(s)e_1(s)$ を代入して，$\kappa(s) + \lambda(s) = 0$ すなわち $\lambda(s) = -\kappa(s)$ をえる．したがって結局

(8.3) $$e_2'(s) = -\kappa(s)e_1(s), \quad s \in [0, l]$$

と書けることがわかる．

(8.2) と (8.3) をまとめて

(8.4) $$\frac{d}{ds}\begin{pmatrix} e_1 \\ e_2 \end{pmatrix} = \begin{pmatrix} 0 & \kappa \\ -\kappa & 0 \end{pmatrix}\begin{pmatrix} e_1 \\ e_2 \end{pmatrix}$$

と書くことが多い．(8.4) は，曲線 α のフレネ標構の変化の様子をあらわす微分方程式系であり，平面曲線に対する**フレネ・セレーの公式**とよばれる．また (8.2) より，$\kappa(s)$ は

(8.5) $$\kappa(s) = \langle e_1'(s), e_2(s) \rangle, \quad s \in [0, l]$$

であたえられることもわかる．

定義 8.1. (8.5) で定義される $\kappa(s)$ を平面曲線 α の s における**曲率**という．また $\kappa(s) \neq 0$ のとき，$\rho(s) = 1/|\kappa(s)|$ を α の s における**曲率半径**という．

例 8.1. 例 7.5 でみたように，$r > 0$ に対して

$$\alpha(t) = (r\cos t, r\sin t), \quad t \in [0, 2\pi]$$

で定義される正則な平面曲線 $\alpha : [0, 2\pi] \to \boldsymbol{R}^2$ の像は半径 r の円周であり，弧長 s をパラメーターとして

$$\alpha(s) = \left(r\cos\frac{s}{r}, r\sin\frac{s}{r}\right), \quad s \in [0, 2\pi r]$$

とあらわされる．したがって $x(s) = r\cos(s/r)$, $y(s) = r\sin(s/r)$ であるから，(8.1) より

$$e_1(s) = \left(-\sin\frac{s}{r}, \cos\frac{s}{r}\right), \quad e_2(s) = \left(-\cos\frac{s}{r}, -\sin\frac{s}{r}\right)$$

をえる．$e_1(s)$ と $e_2(s)$ を s について微分すると

$$e_1'(s) = \left(-\frac{1}{r}\cos\frac{s}{r},\ -\frac{1}{r}\sin\frac{s}{r}\right) = \frac{1}{r}e_2(s)$$

$$e_2'(s) = \left(\frac{1}{r}\sin\frac{s}{r},\ -\frac{1}{r}\cos\frac{s}{r}\right) = -\frac{1}{r}e_1(s)$$

となるから，α に対するフレネ・セレーの公式は

$$\frac{d}{ds}\begin{pmatrix}e_1\\e_2\end{pmatrix} = \begin{pmatrix}0 & 1/r\\-1/r & 0\end{pmatrix}\begin{pmatrix}e_1\\e_2\end{pmatrix}$$

とあらわされ，弧長 s によってパラメーター表示された半径 r の円周 $\alpha : [0, 2\pi r] \to \boldsymbol{R}^2$ の s における曲率と曲率半径はそれぞれ $\kappa(s) = 1/r$ と $\rho(s) = r$ であることがわかる．

問 8.1. 弧長でパラメーター表示された正則な平面曲線 $\alpha : [0, l] \to \boldsymbol{R}^2$ に対し，$\tilde{\alpha} : [-l, 0] \to \boldsymbol{R}^2$ を $\tilde{\alpha}(s) = \alpha(-s)$ で定義される α の向きを変えた曲線とするとき，$\tilde{\alpha}$ の曲率 $\tilde{\kappa}(s)$ は α の曲率 $\kappa(s)$ の符号を変えたものに等しい，すなわち

$$\tilde{\kappa}(s) = -\kappa(-s), \quad s \in [-l, 0]$$

がなりたつことを証明せよ．

例 8.1 より，半径 r の円周の曲率が $1/r$ であることがわかったが，逆に正則な平面曲線 α の曲率 $\kappa(s)$ が定数 $k > 0$ ならば，α の像は半径 $1/k$ の円周を描くことが次のようにしてわかる．

例題 8.1. $\alpha : I = [0, l] \to \boldsymbol{R}^2$ を弧長でパラメーター表示された正則な平面曲線とする．α の曲率 $\kappa(s)$ が定数 $k > 0$ ならば，α の像 $\alpha(I)$ は $\boldsymbol{R}^2$ 内の半径 $1/k$ の円周に含まれる．

解 $c(s) = \alpha(s) + (1/k)e_2(s)$ とおく．$c(s)$ を s について微分すると，(8.3) より

$$c'(s) = \alpha'(s) + \frac{1}{k}e_2'(s) = e_1(s) + \frac{1}{k}(-ke_1(s)) = 0$$

となる．したがって，$c(s)$ は $\mathbf{R}^2$ 上の定点 p であることがわかる．この定点 p から曲線上の点 $\alpha(s)$ へ向かうベクトルは

(8.6) $$\alpha(s) - p = -\frac{1}{k}\mathbf{e}_2(s)$$

であたえられ，その長さはつねに

$$\|\alpha(s) - p\| = \left\|-\frac{1}{k}\mathbf{e}_2(s)\right\| = \frac{1}{k}, \quad s \in I$$

であるから，任意の $s \in I$ に対して $\alpha(s)$ は p を中心とする半径 $1/k$ の円周上にあることがわかる． □

例題 8.1 において，(8.6) より，曲線 α は半径 $1/k$ の円周上を左回りにまわることがわかる．また，曲線 α の曲率 $\kappa(s)$ が負の定数 $k < 0$ ならば，逆に α は半径 $1/|k|$ の円周上を右回りにまわることも容易に確かめられる．

問 8.2. 弧長でパラメーター表示された正則な平面曲線 $\alpha : I \to \mathbf{R}^2$ の曲率 $\kappa(s)$ が恒等的に 0 ならば，α の像 $\alpha(I)$ は $\mathbf{R}^2$ 内の直線に含まれることを示せ．

$\alpha : I = [0, l] \to \mathbf{R}^2$ を弧長でパラメーター表示された正則な平面曲線とし，α の s における接ベクトル $\alpha'(s) = \mathbf{e}_1(s)$ が x 軸の正の方向となす角度を $\theta(s)$ としよう．すなわち，$\theta(s)$ は $\mathbf{R}^2$ の標準基底ベクトル $(1,0)$ から $\mathbf{e}_1(s)$ に正の方向に測った角度であり，関係式

$$x'(s) = \langle \mathbf{e}_1(s), (1,0) \rangle = \cos\theta(s)$$

をみたす．このような角度 $\theta(s)$ は一意的には決まらず 2π の整数倍だけの不定性をもつが，各パラメーターの値 $s \in I$ の十分小さな近傍上で $\theta(s)$ はつねに C^∞ 級となるように定めることができる．このとき，$\theta(s)$ の導関数 $\theta'(s)$ は一意的に定まる量であり，

(8.7) $$\kappa(s) = \theta'(s), \quad s \in [0, l]$$

がなりたつ．実際，$\theta(s)$ の定義より $\mathbf{e}_1(s) = (\cos\theta(s), \sin\theta(s))$ であるから，合成関数の微分法と $\mathbf{e}_2(s)$ の定義から容易に

$$\mathbf{e}_1'(s) = (-\sin\theta(s), \cos\theta(s))\theta'(s) = \theta'(s)\mathbf{e}_2(s)$$

となることがわかる．

(8.7) 式は曲線 α の曲率 $\kappa(s)$ が，x 軸の正の方向からみた α の "進行方向" $\theta(s)$ の弧長 s に対する変化率に等しいことを示している．すなわち，$\kappa(s) > 0$ ならば点 $\alpha(s)$ のまわりで α は左に曲がり，$\kappa(s) < 0$ ならば右に曲がることを意味している（図 24 参照）．

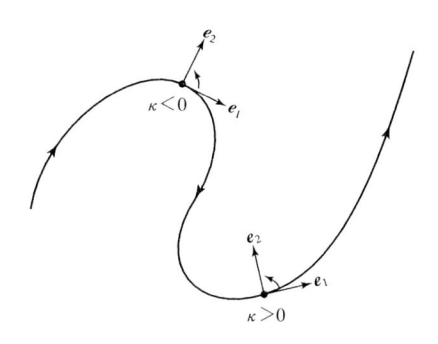

図 24

また (8.7) 式より，曲線 α を平面上で回転や平行移動しても，曲率 $\kappa(s)$ は変わらないことがわかる．実際，α を平面上で回転や平行移動しても接ベクトルの長さは変わらないから，弧長は不変．また，α の接ベクトル $\alpha'(s) = e_1(s)$ が x 軸の正の方向となす角度 $\theta(s)$ は回転した角度の分だけずれるが，導関数 $\theta'(s)$ は不変．したがって，曲率 $\kappa(s) = \theta'(s)$ は回転と平行移動，すなわち平面上の運動を曲線に施しても変わらない「幾何学的な量」であることがわかる．

以上みてきたように，正則な平面曲線 $\alpha : I \to \mathbf{R}^2$ に対して弧長 s をパラメーターにとれば，接ベクトル $\alpha'(s)$ の長さはつねに 1 となり，曲率の定義式は簡単でわかりやすい．しかし，一般には曲線のパラメーター表示が弧長を用いてあたえられるとは限らず，また理論上は便利でも例 7.6 でみたように，弧長 s を一般のパラメーター t から具体的に求めることは困難なことが多い．しかし次の例が示すように，曲率の計算において実際に必要なのは $t = t(s)$ または $s = s(t)$ の式そのものではなく，dt/ds または ds/dt であることがわかる．

例 8.2. 例 7.6 でみたように，$a > b > 0$ に対して

$$\alpha(t) = (a\cos t, b\sin t), \quad t \in [0, 2\pi]$$

で定義される正則な平面曲線 $\alpha : [0, 2\pi] \to \mathbf{R}^2$ の像は楕円であり，その弧長

$$s = s(t) = \int_0^t \sqrt{a^2 \sin^2 t + b^2 \cos^2 t}\, dt$$

を初等関数として具体的にあらわすことはできない．

しかし，dt/ds が

$$\frac{dt}{ds} = \left(\frac{ds}{dt}\right)^{-1} = \frac{1}{\sqrt{a^2 \sin^2 t + b^2 \cos^2 t}}$$

であたえられることと，

$$\boldsymbol{e}_1(s) = \frac{d\alpha}{ds}(s) = \frac{d\alpha}{dt}(t(s))\frac{dt}{ds}(s)$$

であることに注意すれば，$\boldsymbol{e}_1(s)$ は

$$(8.8) \qquad \boldsymbol{e}_1(s) = \left(\frac{-a\sin t}{\sqrt{a^2 \sin^2 t + b^2 \cos^2 t}}, \frac{b\cos t}{\sqrt{a^2 \sin^2 t + b^2 \cos^2 t}}\right)$$

となり，$\boldsymbol{e}_2(s)$ は $\boldsymbol{e}_1(s)$ を正の向きに 90 度回転して

$$(8.9) \qquad \boldsymbol{e}_2(s) = \left(\frac{-b\cos t}{\sqrt{a^2 \sin^2 t + b^2 \cos^2 t}}, \frac{-a\sin t}{\sqrt{a^2 \sin^2 t + b^2 \cos^2 t}}\right)$$

となる．一方，(8.2) より

$$\kappa(s)\boldsymbol{e}_2(s) = \frac{d\boldsymbol{e}_1}{ds}(s) = \frac{d\boldsymbol{e}_1}{dt}(t(s))\frac{dt}{ds}(s)$$

であるから，(8.8) と (8.9) より

$$\kappa(s(t)) = \frac{ab}{(a^2 \sin^2 t + b^2 \cos^2 t)^{3/2}}$$

をえる．とくに，$a = b$ の場合，すなわち α の像が半径 a の円周の場合には $\kappa(s) = 1/a$ となり，例 8.1 の場合の結果と一致することがわかる．

問 8.3. R^2 内の滑らかな曲線 $\alpha : [a,b] \to R^2$ を

$$\alpha(t) = (t, \cosh t), \quad t \in [a,b]$$

で定義する．α の像は**懸垂線**とよばれる．α の弧長 s と曲率 $\kappa(s)$ を求めよ．

$\alpha : I \to R^2$ を閉区間 I 上で定義された正則な平面曲線とし，一般のパラメーター t を用いて

$$\alpha(t) = (x(t), y(t)), \quad t \in I$$

とあらわされているとしよう．このとき，曲線 α の t における接ベクトル $\alpha'(t)$ の長さは必ずしも 1 ではないが，

$$e_1(t) = \frac{\alpha'(t)}{\|\alpha'(t)\|}, \quad t \in I$$

と定義することにより，点 $\alpha(t)$ において α に接する単位接ベクトル $e_1(t)$ がえられる．

そこで $e_1(t)$ を正の向きに 90 度回転したベクトルを $e_2(t)$ とすれば，曲線 α の各点 $\alpha(t)$ において正の向きの正規直交基底 $\{e_1(t), e_2(t)\}$ が定まる．α の弧長を $s = s(t)$ とするとき，$\{e_1(t), e_2(t)\}$ は点 $\alpha(s(t))$ における α のフレネ標構に他ならない．

この正規直交基底 $\{e_1(t), e_2(t)\}$ を用いて，関係式 (7.4) に注意してフレネ標構 $\{e_1(s), e_2(s)\}$ の場合と同様の考察を行うことにより，曲線 α の t における曲率 $\kappa(t) = \kappa(s(t))$ が

$$(8.10) \qquad \kappa(t) = \frac{x'(t)y''(t) - x''(t)y'(t)}{(x'(t)^2 + y'(t)^2)^{3/2}}$$

であたえられることがわかる（章末の問題 3 参照）．

§9. 回転指数

$\alpha : I = [a,b] \to R^3$ を R^3 内の正則な曲線としよう．第 1 章でみたように，一般に位相空間 X 内の連続曲線 $\gamma : I \to X$ に対してその始点と終点が一致するとき，すなわち $\gamma(a) = \gamma(b)$ となるとき，γ は X の閉じた道あるいはループとよばれた．しかし，R^3 内の滑らかな曲線については後の議論の都合上，始点と終点

が一致するだけでなく，それらの点における α のすべての微分係数も一致するものを考えると便利なことが多い．

そこで，$I = [a,b]$ 上で定義された滑らかな曲線 $\alpha : I \to \mathbf{R}^3$ に対して

(9.1) $\qquad \alpha(a) = \alpha(b), \; \alpha'(a) = \alpha'(b), \; \alpha''(a) = \alpha''(b), \; \ldots$

がなりたつとき，α を**閉曲線**とよぶことにし，$\alpha(a) = \alpha(b)$ となることだけを仮定したものは一般の閉曲線とよぶことにしよう．また，とくに α が始点と終点以外では自分自身と交わらないとき，すなわち途中のパラメーター $t_1, t_2 \in [a,b)$ に対して，$t_1 \neq t_2$ ならばつねに $\alpha(t_1) \neq \alpha(t_2)$ となるとき，α を**単純閉曲線**ということにする（図 25 左）．

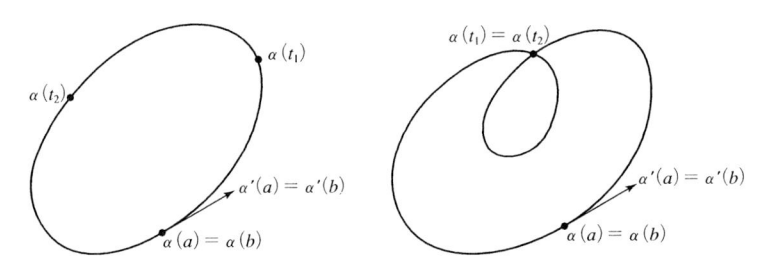

図 25

さて以下，弧長でパラメーター表示された正則な平面閉曲線 $\alpha : I = [0, l] \to \mathbf{R}^2$ について考えよう．α のパラメーター表示を

$$\alpha(s) = (x(s), y(s)), \quad s \in I$$

とするとき，曲線 α の s における接ベクトル $\alpha'(s)$ は単位ベクトルであり，(9.1) より

$$\alpha'(0) = \alpha'(l), \; \alpha''(0) = \alpha''(l), \; \alpha'''(0) = \alpha'''(l), \; \ldots$$

となるから，各 $s \in I$ に対して $\alpha'(s)$ を対応させることにより，$\mathbf{R}^2$ 内の単位円周 S^1 への滑らかな閉じた道

$$\alpha' : I = [0, l] \to S^1 \subset \mathbf{R}^2$$

§9. 回 転 指 数

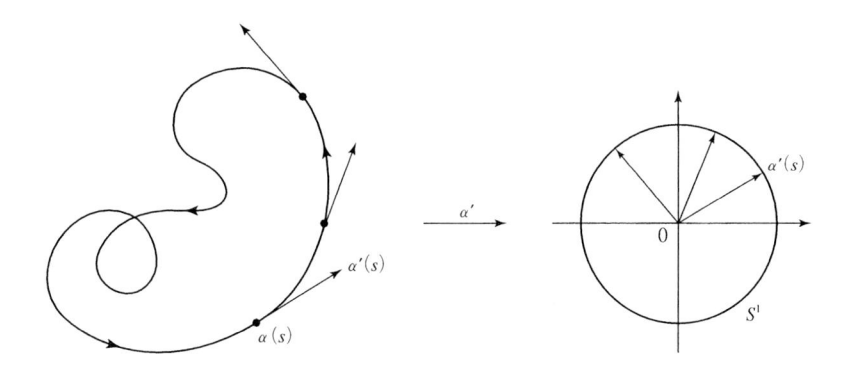

図 26

がえられる．これを曲線 α の**接線標形**という（図 26）．

α の接線標形は S^1 の滑らかな閉じた道であるから，§3 で定義したように

$$(9.2) \qquad \theta(s) = \int_0^s (x'(s)y''(s) - x''(s)y'(s))\,ds + \theta_0$$

によって，$\alpha'(0) = (\cos\theta_0, \sin\theta_0) \in S^1$ を基点としたときの $\alpha'(s)$ の回転角をえることができる（定義 3.1 参照）．したがって，定義 3.2 と同様にして，接線標形 α' の回転数 $d(\alpha') \in \mathbf{Z}$ が

$$(9.3) \qquad d(\alpha') = (\theta(l) - \theta(0))/2\pi$$

で定まる．

§3 でみたように，$\theta(l) - \theta(0)$ は $s \in [0, l]$ が 0 から l まで変化する間に，点 $\alpha'(s)$ が S^1 上を左回りに動いた実質的全角度（＝左回りにまわった角度から右回りにまわった分を差し引いた角度）をあらわす．よって，$\theta(l) - \theta(0)$ の値を 2π で割った数 $(\theta(l) - \theta(0))/2\pi$ は，点 $\alpha'(s)$ が S^1 上を左回りにまわった実質的回数（＝左回りにまわった回数から右回りにまわった分を差し引いた回数）をあらわすことになる．

定義 9.1. 正則な平面閉曲線 $\alpha : I = [0, l] \to \mathbf{R}^2$ に対して，(9.3) 式で定義される整数 $d(\alpha')$ を α の**回転指数**とよび，$i(\alpha)$ であらわす．

回転指数と曲率の定義から，容易に次が確かめられる．

命題 9.1. $\alpha : I = [0, l] \to \mathbf{R}^2$ を弧長でパラメーター表示された正則な閉曲線とし，$\alpha' : I \to S^1 \subset \mathbf{R}^2$ を α の接線標形とする．このとき，α の曲率 $\kappa(s)$ と回転指数 $i(\alpha)$ および接線標形 α' の回転角 $\theta(s)$ について，次がなりたつ．

(1)　$\kappa(s) = \theta'(s), \quad s \in I.$

(2)　$i(\alpha) = \dfrac{1}{2\pi} \displaystyle\int_0^l \kappa(s)ds.$

証明　(1)　α のパラメーター表示を $\alpha(s) = (x(s), y(s))$ とするとき，(8.1) とフレネ・セレーの公式 (8.4) より

$$\alpha''(s) = (x''(s), y''(s)) = \boldsymbol{e}_1'(s) = \kappa(s)\boldsymbol{e}_2(s).$$

したがって，(8.1) と $\theta(s)$ の定義 (9.2) より

$$\theta'(s) = \langle (x''(s), y''(s)), (-y'(s), x'(s)) \rangle$$
$$= \langle \kappa(s)\boldsymbol{e}_2(s), \boldsymbol{e}_2(s) \rangle = \kappa(s).$$

(2)　回転指数 $i(\alpha)$ の定義式 (9.3) より

$$i(\alpha) = \frac{1}{2\pi} \int_0^l \theta'(s)ds = \frac{1}{2\pi} \int_0^l \kappa(s)ds$$

をえる． $\square$

命題 9.1 (2) あるいは回転指数の定義自身から，曲線 α の向きを変えれば，回転指数 $i(\alpha)$ は符号を変えることが容易にわかる．

例 9.1.　例 8.1 でみたように，半径 $r > 0$ の円周は弧長 s をパラメーターとして

$$\alpha(s) = \left(r\cos\frac{s}{r}, r\sin\frac{s}{r} \right), \quad s \in [0, 2\pi r]$$

とあらわされ，曲率は $\kappa(s) = 1/r$ であったから，命題 9.1 (2) より，この円周 $\alpha : [0, 2\pi r] \to \mathbf{R}^2$ の回転指数は

$$i(\alpha) = \frac{1}{2\pi} \int_0^{2\pi r} \frac{1}{r}ds = 1$$

であることがわかる．

一方，$a>b>0$ に対して

$$\alpha(t)=(a\cos t, b\sin t), \quad t\in[0,2\pi]$$

で定義される楕円については，弧長 s をパラメーターとして α を具体的に表示することはできないが，例 8.2 でみたように，曲率は

$$\kappa(s(t))=\frac{ab}{(a^2\sin^2 t+b^2\cos^2 t)^{3/2}}$$

であたえられるから，この楕円 $\alpha:[0,2\pi]\to \boldsymbol{R}^2$ の回転指数は

$$i(\alpha)=\frac{1}{2\pi}\int_0^{2\pi}\kappa(s(t))\frac{ds}{dt}dt=\frac{1}{2\pi}\int_0^{2\pi}\frac{ab}{a^2\sin^2 t+b^2\cos^2 t}dt=1$$

であることがわかる．

例 9.2. 正則な平面閉曲線 $\alpha:[0,l]\to \boldsymbol{R}^2$ について，弧長 s による具体的なパラメーター表示を用いなくても，図 27 からわかるように，α の回転指数 $i(\alpha)$ は α の接線標形 $\alpha':[0,l]\to S^1\subset \boldsymbol{R}^2$ の変化の様子を調べることにより容易に求めることができる．

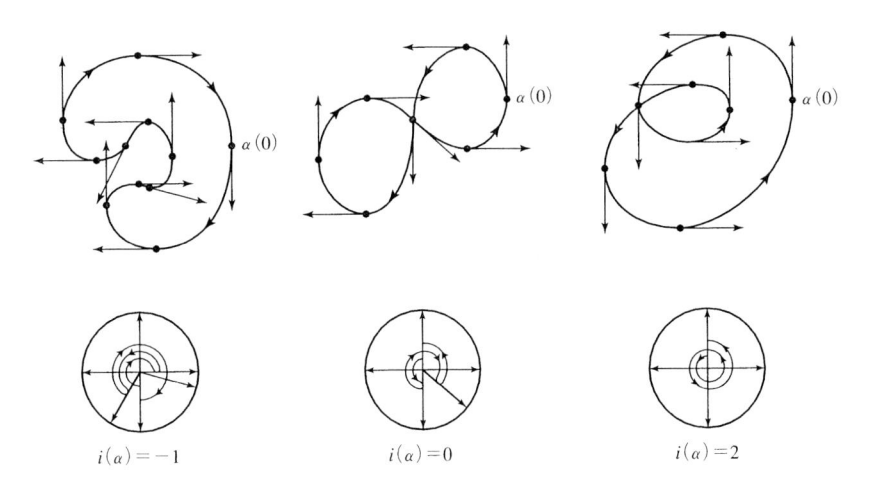

図 **27**

これらの例からみてとれるように,始点と終点以外では自分自身と交わらない単純閉曲線については,回転指数はつねに ±1 となっている.この事実は,円周や楕円といった簡単な単純閉曲線についてだけでなく,実は一般の単純閉曲線についてもなりたつことが証明できる.すなわち,**回転指数定理**とよばれる次の定理 9.1 がなりたつ.この定理は一見論理的な証明を要しないほど明らかなことと思われるかもしれないが,図 28 からも想像できるように,単純閉曲線といってもその像は一般に大変複雑な図形を描くので,直感的に自明な事実というわけではない.

図 28

定理 9.1. $\alpha : I \to \mathbf{R}^2$ が正則な単純閉曲線ならば,α の回転指数 $i(\alpha)$ は ±1 である.

証明 曲線 α の長さを l とし,$\alpha : [0, l] \to \mathbf{R}^2$ を α の弧長によるパラメーター表示とする.α の像 $\alpha([0, l])$ は平面 $\mathbf{R}^2$ 内の有界閉集合であるから,$\mathbf{R}^2$ の x 軸と平行な直線を $\alpha([0, l])$ と交わらないようにとることができる.この直線を x 軸と平行に動かし,$\alpha([0, l])$ と最初に接する状態になったものを L とすると,図 29 のように,$\alpha([0, l])$ は L のちょうど片側に位置することになる.

α と L の接点の 1 つを p とし,α の弧長パラメーター s を定数だけずらすことにより,新しいパラメーター表示のもとで $\alpha(0) = p$ であるとしよう.さて

$$T = \{(s_1, s_2) \in [0, l] \times [0, l] \mid 0 \leq s_1 \leq s_2 \leq l\}$$

§9. 回転指数

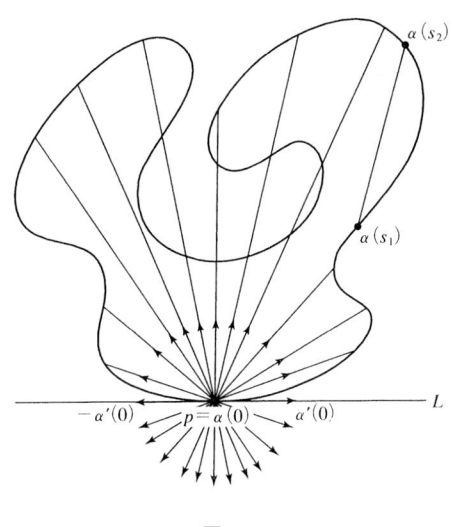

図 29

とおき，三角形 T から円周 S^1 への写像 $\psi : T \to S^1$ を次のように定義する．まず，$s_1 \neq s_2$ である $(s_1, s_2) \in T \setminus \{(0, l)\}$ に対しては，α は単純閉曲線なので $\alpha(s_1) \neq \alpha(s_2)$ であることに注意して

$$\psi(s_1, s_2) = \frac{\alpha(s_2) - \alpha(s_1)}{\|\alpha(s_2) - \alpha(s_1)\|} \in S^1$$

と定め，$(s, s) \in T \setminus \{(0, l)\}$ と $(0, l) \in T$ に対しては

$$\psi(s, s) = \alpha'(s), \quad \psi(0, l) = -\alpha'(0)$$

とおく．このとき，α が正則な閉曲線であることから，写像 $\psi : T \to S^1$ は連続写像となることがわかる．

ψ の定義より，三角形 T の頂点を $A = (0, 0)$, $B = (0, l)$, $C = (l, l)$ とおくとき，写像 ψ を辺 AC に制限してえられる曲線 $\psi|AC$ は S^1 の閉じた道を定め，閉曲線 α の接線標形 $\alpha' : [0, l] \to S^1$ に他ならない．したがって，曲線 $\psi|AC$ の回転数 $d(\psi|AC)$ は α の回転指数 $i(\alpha)$ に一致する．すなわち

$$i(\alpha) = d(\psi|AC).$$

一方,図 30 から容易にわかるように,$\psi|AC$ は写像 ψ を三角形 T の残りの 2 辺 AB と BC をつなげた辺 $AB+BC$ に制限してえられる曲線 $\psi|AB+BC$ にホモトープであるから,第 1 章の定理 4.2 より,S^1 内の閉じた道 $\psi|AC$ と $\psi|AB+BC$ の回転数は等しい.すなわち

$$d(\psi|AC) = d(\psi|AB+BC)$$

がなりたつ.したがって定理を示すためには,

$$d(\psi|AB+BC) = \pm 1$$

となることをみればよい.

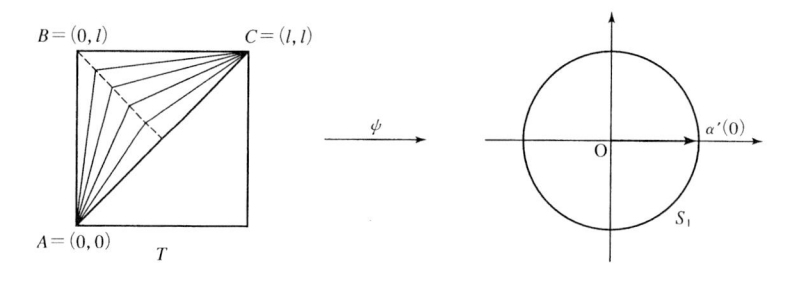

図 30

さて,曲線 $\alpha : [0,l] \to \mathbf{R}^2$ が図 29 のように直線 L の上側にあるとすると,ベクトル $\overrightarrow{p\alpha(s)} = \alpha(s) - \alpha(0)$ はつねに上側を向くことになるから,定義より曲線 $\psi|AB$ の像は S^1 のちょうど上半分を左回り(反時計回り)あるいは右回り(時計回り)に動くことになる.同様に,ベクトル $\overrightarrow{\alpha(s)p} = \alpha(l) - \alpha(s)$ はつねに下側を向くことになるから,曲線 $\psi|BC$ の像は $\psi|AB$ の像と同じ向きに S^1 のちょうど下半分を動くことになる.よって,結局 S^1 の閉じた道 $\psi|AB+BC$ の回転数 $d(\psi|AB+BC)$ は左回りなら $+1$,右回りなら -1 となることがわかる.これが確かめるべきことであった. □

問 9.1. 上で定義された写像 $\psi : T \to S^1$ が連続写像であることを確かめよ.

§9. 回転指数

系 9.1. 正則な単純閉曲線 $\alpha: I \to \mathbf{R}^2$ の接線標形 $\alpha': I \to S^1 \subset \mathbf{R}^2$ は, S^1 への全射である.

証明 α の接線標形 $\alpha': I \to S^1$ が全射でないとすると, α' の回転数 $d(\alpha')$ は 0 でなければならない (第1章の問題5参照). これは定理 9.1 の結果に反する. □

一般に, 平面 $\mathbf{R}^2$ 上の連続曲線 $\gamma: I \to \mathbf{R}^2$ で, 始点と終点以外では自分自身と交わらないもの, いいかえると $\mathbf{R}^2$ 上の連続な単純閉曲線を**ジョルダン曲線**という. ジョルダン曲線については, このような曲線 γ は平面 $\mathbf{R}^2$ をちょうど2つの領域, すなわち γ に囲まれた内部の領域とその外の領域に分けることが, **ジョルダンの曲線定理**として知られている. この定理も, 回転指数定理と同様に一見明らかな事実と思われるかもしれないが, 図 28 からも想像できるように, ジョルダン曲線の像は一般に大変複雑な図形を描くので, 決して直感的に自明というわけではない[†].

この本では, 一般の場合のジョルダンの曲線定理を証明するかわりに, 第 3 章において, 正則な単純閉曲線 $\alpha: I \to \mathbf{R}^2$ に対して次の定理を証明する.

定理 9.2. $\alpha: I \to \mathbf{R}^2$ が正則な単純閉曲線ならば, α の像の補集合 $\mathbf{R}^2 \setminus \alpha(I)$ はちょうど2つの連結成分をもち, $\alpha(I)$ はその共通の境界となる.

定理 9.2 における $\mathbf{R}^2 \setminus \alpha(I)$ の2つの連結成分の内, 曲線 α によって囲まれる領域 (すなわち有界となる部分) を α の**内部**とよび, 残りの領域 (すなわち非有界な部分) を α の**外部**とよぶ. また, $\alpha: I \to \mathbf{R}^2$ の像をパラメーター $t \in I$ が増加するように辿るとき, α の内部がつねに左側にあらわれる場合に, 単純閉曲線 α は**正の向き**にパラメーター表示されているという. 定理 9.1 の証明から容易にわかるように, α が正の向きにパラメーター表示されていることと, α の回転指数 $i(\alpha)$ が正すなわち $i(\alpha) = +1$ となることは同値である.

[†] ジョルダンの曲線定理の証明については, 一楽重雄著「位相幾何学」(本講座 8) をみるとよい.

§10. 凸閉曲線

$\alpha: I = [0, l] \to \mathbf{R}^2$ を弧長でパラメーター表示された正則な平面閉曲線とする．任意の $s \in I$ に対して，曲線 α の像 $\alpha(I)$ 全体が点 $\alpha(s)$ における α の接線の片側に存在するとき，α は**凸閉曲線**あるいは**卵形線**とよばれる（図 31 左）．いいかえると，α が凸閉曲線であることは，α のフレネ標構を $\{e_1(s), e_2(s)\}$ とするとき，各 $s_0 \in I$ において，点 $\alpha(s_0)$ における接線から $\alpha(s)$ までの高さを測る関数

$$h(s) = \langle \alpha(s) - \alpha(s_0), e_2(s) \rangle, \quad s \in I$$

が，つねに $h(s) \geq 0$ または $h(s) \leq 0$ となることに他ならない．

定義からわかるように，α が凸閉曲線であるかどうかは，曲線 α の大域的な形状に関する性質，すなわち α の像 $\alpha(I)$ 全体の形状に関わる性質である．しかし，とくに α が単純閉曲線ならば，α が凸閉曲線であるかどうかは，曲線 α の曲率 $\kappa(s)$ の符号によって，すなわち α の像 $\alpha(I)$ の局所的な形状から定まる量を用いて判定することができる．すなわち次の定理がなりたつ．

定理 10.1. $\alpha: I \to \mathbf{R}^2$ を正則な単純閉曲線とする．このとき，α が凸閉曲線であることと，α の曲率 $\kappa(s)$ が符号を変えないことは同値である．

証明 単純閉曲線 α の曲率 $\kappa(s)$ が符号を変えないと仮定して，α が凸閉曲線となることをまず確かめよう．$\alpha: I = [0, l] \to \mathbf{R}^2$ は弧長でパラメーター表示されているとして，必要ならば α の向きを変えることにより，つねに $\kappa(s) \geq 0$ と

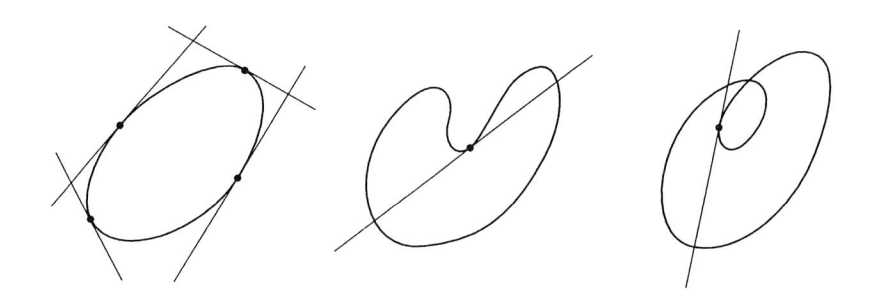

図 31

§10. 凸閉曲線

仮定しても一般性は失われない．α の接線標形 $\alpha' : I = [0,l] \to S^1 \subset \mathbf{R}^2$ の回転角を $\theta(s)$ とするとき，命題 9.1 より $\kappa(s) = \theta'(s)$ であるから，回転角 $\theta(s)$ は単調非減少な関数であることがわかる．α が凸閉曲線でないとして，矛盾を導こう．

α が凸閉曲線でないとすると，ある $s_0 \in [0,l]$ が存在して，α の像 $\alpha([0,l])$ は点 $A = \alpha(s_0)$ における α の接線 L の両側にあらわれる．α のパラメーターを定数だけずらすことにより，$s_0 = 0$ としてよい．α のフレネ標構を $\{\boldsymbol{e}_1(s), \boldsymbol{e}_2(s)\}$ とし，接線 L から $\alpha(s)$ までの高さを測る関数

$$h(s) = \langle \alpha(s) - \alpha(0), \boldsymbol{e}_2(0) \rangle, \quad s \in [0,l]$$

を考えよう．閉区間 $[0,l]$ はコンパクトであるので，仮定より $h(s)$ は $s_1 \in (0,l)$ において最大値 (>0) をとり，$s_2 \in (0,l)$ において最小値 (<0) をとる．これらの点においては

$$h'(s) = \langle \alpha'(s), \boldsymbol{e}_2(0) \rangle = 0$$

であるので，α の s_1, s_2 における接ベクトル $\alpha'(s_1), \alpha'(s_2)$ は $\alpha'(0) = \boldsymbol{e}_1(0)$ に平行となることがわかる（図 32）．したがって，$\alpha'(0), \alpha'(s_1), \alpha'(s_2)$ のうち少なくとも 2 つの接ベクトル，たとえば $\alpha'(0)$ と $\alpha'(s_1)$ が同じ方向を向くことになる．ゆえに，ある整数 n が存在して，接線標形 α' の回転角について

$$\theta(s_1) = \theta(0) + 2n\pi$$

がなりたつ．しかるに，定理 9.1 より，単純閉曲線 α の回転指数 $i(\alpha) = (\theta(l) - \theta(0))/2\pi$ は ± 1 であり，かつ $\theta(s)$ は単調非減少であるから，結局 n は 0 か 1 でなければならない．

$n = 0$ とすると，$\theta(s_1) = \theta(0)$ かつ $\theta(s)$ は単調非減少であるから，$\theta(s)$ は区間 $[0, s_1]$ 上で定数でなければならない．したがって，$[0, s_1]$ 上で α の曲率 $\kappa(s)$ は 0 となり，α の像 $\alpha(I)$ は点 $\alpha(0)$ と $\alpha(s_1)$ の間で直線となることがわかる．よって，点 $\alpha(0)$ と $\alpha(s_1)$ における α の接線は一致することになるが，これは $h(s_1) > 0$ に矛盾．一方，$n = 1$ とすると，$\theta(s_1) = \theta(0) + 2\pi$ かつ $\theta(s)$ は単調非減少であるから，$\theta(l) = \theta(0) + 2\pi$ より $\theta(s)$ は区間 $[s_1, l]$ 上で定数でなければならないが，先程と同じ理由で，これも $h(s_1) > 0$ に矛盾．

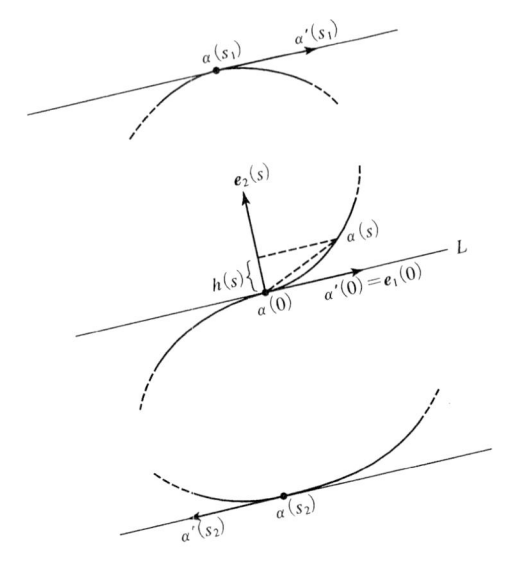

図 32

　接ベクトル $\alpha'(0)$ と $\alpha'(s_2)$ が同じ方向を向く場合も，同様にして矛盾がえられるから，結局 α は凸閉曲線でなければならないことがわかる．

　逆に，単純閉曲線 $\alpha : I = [0, l] \to \mathbf{R}^2$ が凸閉曲線であると仮定して，α の曲率 $\kappa(s)$ が符号を変えない，すなわち α の接線標形の回転角 $\theta(s)$ が単調非減少または単調非増加な関数となることを確かめよう．$\theta(s)$ がこのような単調な関数でないとして，矛盾を導けばよい．

　$\theta(s)$ が単調な関数でないとすると，ある $s_0, s_1, s_2 \in [0, l]$ に対して，$s_1 < s_0 < s_2$ かつ $\theta(s_1) = \theta(s_2) \neq \theta(s_0)$ がなりたつ．$\theta(s_1) = \theta(s_2)$ であるから，α の接線標形 $\alpha' : I = [0, l] \to S^1 \subset \mathbf{R}^2$ について，$\alpha'(s_1) = \alpha'(s_2)$ がなりたつ．しかるに，系 9.1 より，単純閉曲線 α の接線標形は全射であるから，$s_3 \in [0, l]$ が存在して $\alpha'(s_3) = -\alpha'(s_1)$ となる．もし点 $\alpha(s_1), \alpha(s_2), \alpha(s_3)$ における α の接線が互いに異なれば，これらは平行であり，それらのうちの 1 つは他の 2 つの間に位置することになる．これは α が凸閉曲線であることに矛盾．したがって，これらの接線のうち少なくとも 2 つは一致する．よって，図 33 にあるように，α のある接線 L が α と異なる 2 点 A, B で接することになる．

§10. 凸閉曲線

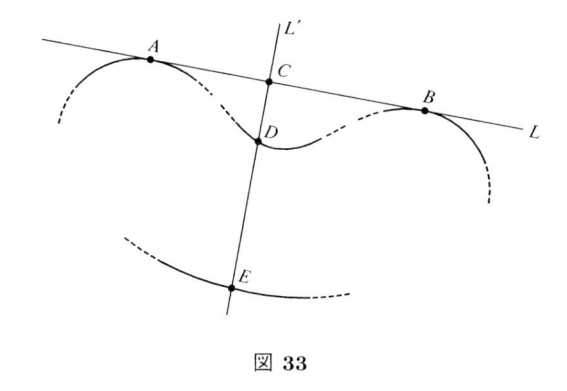

図 33

　このとき，α の像 $\alpha(I)$ は点 A, B の間で直線となることを示そう．実際，線分 AB 上のある点 C が $\alpha(I)$ に含まれないとすると，点 C において線分 AB と直交する直線を L' とするとき，α が凸閉曲線であるので，L' は α の接線とはなりえないことがわかる．よって，L' は α と少なくとも 2 点 D, E で交わるが，α は凸閉曲線だから，D, E は接線 L の同じ側に位置することになる．そこで，いま点 C に近い方を D とすると，D における α の接線の両側に点 E と点 A, B のうちの少なくとも 1 点がそれぞれ存在することになり，α が凸閉曲線であることに矛盾．ゆえに，点 C は $\alpha(I)$ に含まれることになり，結局 α の像 $\alpha(I)$ は点 A, B の間で直線となることがわかる．

　したがって，点 A, B における α の接ベクトルは同じ方向を向くことになるので，点 A, B はそれぞれ $\alpha(s_1), \alpha(s_2)$ のいずれかと一致し，区間 $[s_1, s_2]$ 上で α の像 $\alpha([s_1, s_2])$ は直線となることがわかる．よって，$[s_1, s_2]$ 上で α の曲率 $\kappa(s)$ は 0 であり，接線標形の回転角 $\theta(s)$ は定数となるが，これは矛盾．ゆえに，$\theta(s)$ は単調な関数となり，α の曲率 $\kappa(s)$ は符号を変えないことがわかる．　□

　あとで述べる例 10.1 からわかるように，α が単純閉曲線でないならば，定理 10.1 の結論はなりたたないことに注意しておこう．

系 10.1.　$\alpha : I \to \mathbf{R}^2$ を凸閉曲線とする．直線 L が α の像 $\alpha(I)$ と 3 点で交わるならば，この 3 点を結ぶ L の線分は $\alpha(I)$ に含まれる．とくに，α の曲率 $\kappa(s)$ が 0 にならないならば，α の像 $\alpha(I)$ は任意の直線 L と高々 2 点でしか交わらない．

証明 直線 L が α の像 $\alpha(I)$ と 3 点 A, B, C で交わるとし，C が A と B の間にあるとしよう．このとき，L は点 C において $\alpha(I)$ に接する．実際，もしそうでないならば，C における α の接線に対して，点 A と B がそれぞれ L の反対側にあらわれることになり，α が凸閉曲線であることに矛盾．これよりまた，L は点 A, B において α と接することもわかる．実際，そうでないならば，L の両側に $\alpha(I)$ の点があらわれることになり，α が凸閉曲線であることに矛盾．したがって，L は 3 点 A, B, C において α と接することになる．

このとき，α は凸閉曲線であるから，定理 10.1 の証明の後半の議論からわかるように，点 A, B を結ぶ線分 AB は $\alpha(I)$ に含まれなければならない．また $\kappa(s) \neq 0$ ならば，$\alpha(I)$ は線分を含みえないので，L は $\alpha(I)$ と高々 2 点でしか交わらないことになる． □

一般に，弧長でパラメーター表示された正則な平面曲線 $\alpha : I = [0, l] \to \mathbf{R}^2$ に対して，α の曲率 $\kappa(s)$ が極大値あるいは極小値をとるような点 $\alpha(s)$ を α の**頂点**という．定義より，$\alpha(s)$ が α の頂点ならば，この点において $\kappa'(s) = 0$ となることに注意しよう．また，正則な平面曲線 α に対して，その頂点は α のパラメーターの選び方によらずに定まることも容易にわかる．

問 10.1. このことを確かめよ．

例 8.1 でみたように，α の像が円周の場合は，曲率 $\kappa(s)$ は定数であり，すべての点が頂点ということになる．また例 8.2 の結果からわかるように，α の像が楕円の場合は，長軸（x 軸）および短軸（y 軸）との交点としてえられる 4 つの点のみが頂点となる．実は，凸閉曲線の大域的な形状に関する興味深い事実として，この楕円の場合が頂点の数の最小値をあたえることが証明される．すなわち，**四頂点定理**として有名な次の定理がなりたつ．

定理 10.2. (四頂点定理) 正則な単純閉曲線 $\alpha : I \to \mathbf{R}^2$ が凸閉曲線ならば，少なくとも 4 個の頂点をもつ．

証明 $\alpha : I = [0, l] \to \mathbf{R}^2$ の弧長によるパラメーター表示を $\alpha(s) = (x(s), y(s))$ とし，α の曲率 $\kappa(s)$ を考える．このとき，α は正則な閉曲線であるから，$\kappa(s)$ は閉

区間 $I = [0, l]$ 上で定義された連続関数となり，$\kappa(0) = \kappa(l)$ がなりたつ．したがって，曲率 $\kappa(s)$ は I 上で最大値と最小値をとる．そこで，$\kappa(s)$ は $s_1 \in I$ において最大値 $\kappa(s_1)$ をとり，$s_2 \in I$ において最小値 $\kappa(s_2)$ をとるとし，$A = \alpha(s_1), B = \alpha(s_2)$ とおこう．A と B は α の頂点であるから，あと 2 つ頂点を見つければよいことになる．

$\kappa(s_1) = \kappa(s_2)$ ならば $\kappa(s)$ は定数となり，すべての点が頂点となるから証明は終わる．よって $\kappa(s_1) > \kappa(s_2)$ の場合について考えればよい．必要なら α のパラメーターを定数だけずらすことにより，$B = \alpha(0)$ かつ $A = \alpha(s_0)$ $(0 < s_0 < l)$ と仮定してよい．また，α に回転と平行移動を施しても曲率 $\kappa(s)$ は変わらないから，A と B を結ぶ直線が x 軸の位置にあるとしても一般性を失わない．

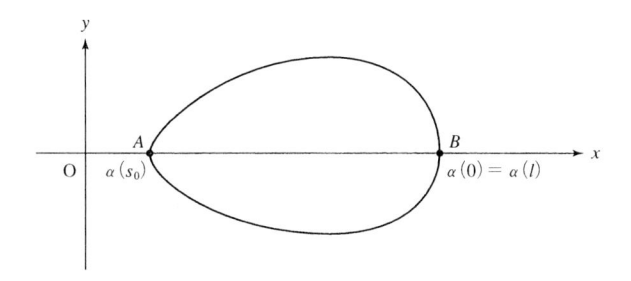

図 34

α は凸閉曲線だから，A と B を結ぶ直線が A, B 以外に α の像 $\alpha(I)$ と交わるとすると，系 10.1 でみたように，線分 AB は $\alpha(I)$ に含まれることになるので，結局 $\kappa(s_1) = \kappa(s_2)$ となり仮定に反する．したがって，図 34 にあるように，$0 < s < s_0$ のときは $y(s) > 0$，すなわち $\alpha(s)$ は x 軸の上にあり，$s_0 < s < l$ のときは $y(s) < 0$，すなわち $\alpha(s)$ は x 軸の下にあると仮定してよい．

以上の準備のもとに，α は A, B 以外に頂点をもたないと仮定して矛盾を導こう．α の頂点が A, B だけであるとすると，$\kappa(s)$ は B から A に向かうときは単調非減少で，A から B に向かうときは単調非増加となる．したがって，$\kappa'(s)$ と $y(s)$ の積 $\kappa'(s)y(s)$ はつねに定符号をもつことになる．そこで任意の $s \in I$ に対して $\kappa'(s)y(s) \geq 0$ と仮定しよう．恒等的に $\kappa'(s)y(s) = 0$ とはならないことに注意．

さて，α のフレネ標構を $\{\bm{e}_1(s), \bm{e}_2(s)\}$ とするとき，$\bm{e}_1(s) = (x'(s), y'(s))$，$\bm{e}_2(s) = (-y'(s), x'(s))$ であり，フレネ・セレーの公式 (8.4) より

$$\bm{e}_1'(s) = \kappa(s)\bm{e}_2(s)$$

であるから，$x''(s) = -\kappa(s)y'(s)$．よって，(9.1) に注意して，部分積分を行うことにより

$$0 \leq \int_0^l \kappa'(s)y(s)ds = \Big[\kappa(s)y(s)\Big]_0^l - \int_0^l \kappa(s)y'(s)ds$$
$$= -\int_0^l \kappa(s)y'(s)ds = \int_0^l x''(s)ds = \Big[x'(s)\Big]_0^l = 0.$$

したがって任意の $s \in I$ に対して $\kappa'(s)y(s) = 0$ となるが，これは矛盾．

ゆえに，α は少なくとも 3 個の頂点をもつことがわかった．しかるに，極大値と極小値はつねに対をなしてあらわれるから，結局 α は少なくとも 4 個の頂点をもつことになる． □

例 10.1. 定理 10.1 および定理 10.2 は，曲線 α が単純閉曲線でなければなりたたない．実際，

$$\alpha(t) = (\cos t - 2\sin t \cos t,\ \sin t - 2\sin^2 t), \quad t \in [0, 2\pi]$$

で定義される閉曲線 $\alpha : [0, 2\pi] \to \bm{R}^2$ を考えると[†]，

$$\alpha'(t) = (-\sin t - 2\cos^2 t + 2\sin^2 t,\ \cos t - 4\sin t \cos t),$$
$$\alpha''(t) = (-\cos t + 8\sin t \cos t,\ -\sin t - 4\cos^2 t + 4\sin^2 t)$$

であるから，つねに $\|\alpha'(t)\| = (5 - 4\sin t)^{1/2} > 0$．したがって，$\alpha$ は正則な曲線であり，α の t における曲率 $\kappa(t)$ は，(8.10) 式より，

$$\kappa(t) = \frac{9 - 6\sin t}{(5 - 4\sin t)^{3/2}}, \quad t \in [0, 2\pi]$$

であたえられることがわかる．

[†] 極座標 (r, θ) を用いるとき，曲線 α の定義式は $r = 1 - 2\sin\theta$ となる．α はリマソン（蝸牛線）とよばれる曲線の一種である．

よって，つねに $\kappa(t) > 0$ であるが，α の像は図 35 のような曲線を描くので，凸閉曲線ではない．また，$\kappa(t)$ の極値については

$$\kappa'(t) = 12\cos t(2 - \sin t)(5 - 4\sin t)^{-5/4}$$

であるから，$\kappa'(t) = 0$ となるのは $\cos t = 0$ となるときのみ．これより，α の頂点は $\alpha(\pi/2) = (0, -1)$ と $\alpha(3\pi/2) = (0, -3)$ の 2 点のみであることがわかる．

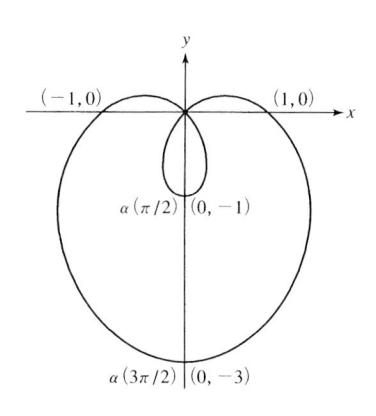

図 35

§11. 等周不等式

$\alpha: I \to \mathbf{R}^2$ を正則な単純閉曲線としよう．ジョルダンの曲線定理より，α の像は平面 $\mathbf{R}^2$ の有界な領域を囲むことになる．このとき，「あたえられた長さの単純閉曲線のなかで囲む面積が最大となるものを求めよ」，あるいは「あたえられた面積を囲む単純閉曲線のなかで長さが最も短いものを求めよ」という問題を古典的**等周問題**という．答えは，いずれの場合も円周である．この事実はギリシャ時代から知られていたとされるが，その厳密な証明があたえられたのは 19 世紀になって変分法（条件付き極値問題）の理論が整備されてからである．

古典的等周問題は曲線の大域的形状に関わる問題でもあり，単純閉曲線の長さと囲む面積に関する次の**等周不等式**から，容易にその解を知ることができる．

定理 11.1. (等周不等式)　$\alpha : I \to \boldsymbol{R}^2$ を正則な単純閉曲線とする．α の長さを l, α の像によって囲まれる領域の面積を A とするとき，不等式

(11.1) $$l^2 \geq 4\pi A$$

がなりたち，等号成立は α の像が円周の場合に限る．

定理の証明に入る前に，単純閉曲線で囲まれた領域の面積に関して次の補題を準備しておこう．

補題 11.1.　$\alpha : [a,b] \to \boldsymbol{R}^2$ を一般の単純閉曲線とし，$\alpha(t) = (x(t), y(t))$ を α の一般のパラメーターによる正の向きのパラメーター表示とする．このとき，α の像によって囲まれる領域の面積 A は

$$A = \frac{1}{2}\int_a^b (xy' - yx')dt = \int_a^b xy'dt = -\int_a^b yx'dt$$

であたえられる．

証明　α の像 $\alpha([a,b])$ によって囲まれる領域を $\mathcal{R}$ とするとき，付録 1 のグリーンの公式より，任意の C^1 級関数 $f(x,y), g(x,y)$ に対して

$$\int_{\mathcal{R}} \left(\frac{\partial g}{\partial x} - \frac{\partial f}{\partial y} \right) dxdy = \int_\alpha fdx + gdy$$

がなりたつ．ただし右辺は α の正の向きに沿っての線積分をあらわす．

ここで，$f(x,y) = -y, g(x,y) = x$ とすることにより，

$$2\int_{\mathcal{R}} dxdy = \int_\alpha -ydx + xdy.$$

よって

$$A = \frac{1}{2}\int_a^b (x(t)y'(t) - y(t)x'(t))dt.$$

一方，$\alpha(a) = \alpha(b)$ なので，部分積分により

$$\int_a^b x(t)y'(t)dt = \Big[x(t)y(t)\Big]_a^b - \int_a^b x'(t)y(t)dt = -\int_a^b y(t)x'(t)dt$$

§11. 等周不等式

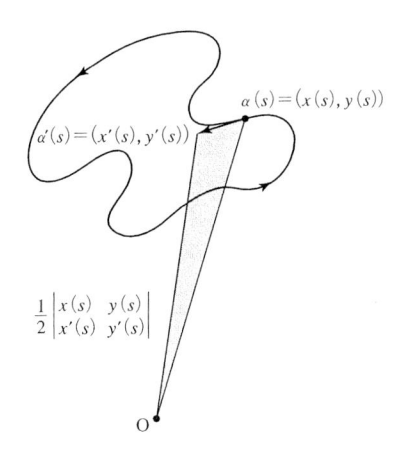

図 36

をえる．したがって補題がなりたつ（図 36 参照）． □

さて定理 11.1 の証明に戻ろう．

定理 11.1 の証明　$\alpha : I = [0, l] \to \mathbf{R}^2$ の弧長によるパラメーター表示を $\alpha(s) = (x(s), y(s))$ としよう．$\mathbf{R}^2$ 上の平行な 2 直線 L と L' を α の像 $\alpha(I)$ と交わらないようにとり，この 2 直線をそれぞれ $\alpha(I)$ とはじめて交わる位置まで平行に動かす．このとき，図 37 にあるように，L と L' は $\alpha(I)$ に接し，$\alpha(I)$ によって囲まれる領域 $\mathcal{R}$ は L と L' によって挟まれた帯状の領域に含まれる．

2 直線 L, L' に接する円周 S^1 を α の像 $\alpha(I)$ と交わらないようにとり，その半径を r とおく．また $\mathbf{R}^2$ の座標系を回転と平行移動により，S^1 の中心 O が原点，かつ y 軸が L, L' と平行になるようにとりなおしておく．α のパラメーター表示は正の向きであるとし，必要ならパラメーターを定数だけずらすことにより，L と L' はそれぞれ点 $P = \alpha(0)$ と $Q = \alpha(s_0)$ で $\alpha(I)$ に接しているとしておく．

以上の準備のもとに，領域 $\mathcal{R}$ の面積 A と半径 r の円周 S^1 で囲まれる円板の面積 πr^2 を比較することを考えよう．そのため，円周 S^1 のパラメーター表示 $\beta(s) = (\bar{x}(s), \bar{y}(s))$ を，α の場合と同じく閉区間 $I = [0, l]$ 上で定めることとし，

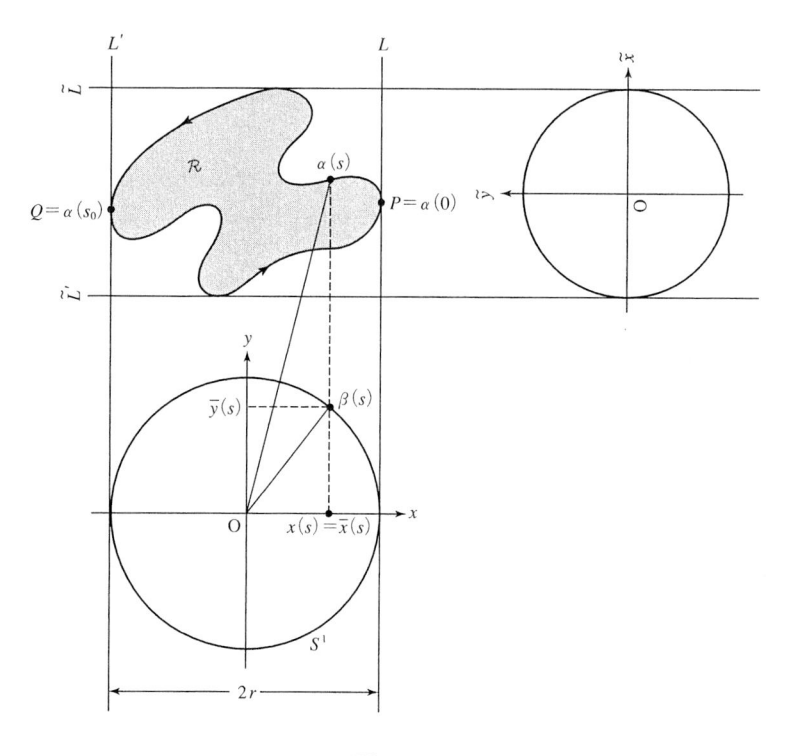

図 37

$\beta : I = [0, l] \to S^1 \subset \boldsymbol{R}^2$ を

(11.2) $\quad \bar{x}(s) = x(s), \quad \bar{y}(s) = \begin{cases} \sqrt{r^2 - x(s)^2}, & 0 \leq s \leq s_0 \\ -\sqrt{r^2 - x(s)^2}, & s_0 \leq s \leq l \end{cases}$

で定義する（図 37 参照）．このとき，s は α の弧長パラメーターであるが，β に対しては一般に弧長パラメーターとは限らない．また β は滑らかな曲線を定めるが，必ずしも正則な曲線となるわけではないことに注意しておこう．

さて補題 11.1 を，領域 $\mathcal{R}$ の面積 A と $\beta(I)$ によって囲まれる円板の面積 πr^2 に適用することにより，

$$A = \int_0^l xy' ds, \quad \pi r^2 = -\int_0^l \bar{y} x' ds$$

をえる．よって，

(11.3) $\quad \begin{aligned} A + \pi r^2 &= \int_0^l (xy' - \bar{y}x') ds \leq \int_0^l |xy' - \bar{y}x'| ds \\ &= \int_0^l |\langle (x', y'), (-\bar{y}, x) \rangle| ds. \end{aligned}$

この右辺にコーシー・シュワルツの不等式を用いて，$\|\alpha'(s)\| = 1$ に注意すると

(11.4) $\quad |\langle (x', y'), (-\bar{y}, x) \rangle| \leq \|(x', y')\| \|(-\bar{y}, x)\| = \sqrt{x^2 + \bar{y}^2} = r$

であるから，

$$A + \pi r^2 \leq \int_0^l |\langle (x', y'), (-\bar{y}, x) \rangle| ds \leq \int_0^l r ds = rl$$

となることがわかる．

ここで，相加平均と相乗平均の関係（任意の正数 a, b に対して，$\sqrt{ab} \leq (a+b)/2$，かつ等号成立は $a = b$ のとき）を用いることにより

(11.5) $\quad \sqrt{A\pi r^2} \leq \dfrac{A + \pi r^2}{2} \leq \dfrac{rl}{2}.$

したがって，$A\pi r^2 \leq r^2 l^2 / 4$ すなわち $l^2 \geq 4\pi A$ がなりたつ．

次に，等周不等式 (11.1) において等号が成立する場合について考えよう．$l^2 = 4\pi A$ であるから，まず相加平均と相乗平均の関係を用いた (11.5) 式において等号が成立する．よって $A = \pi r^2$ となる．したがって $l = 2\pi r$ であり，平行な 2 直線 L, L' に接する円周 S^1 の半径 r が L と L' の取り方によらないことがわかる．

また，コーシー・シュワルツの不等式を用いた (11.4) 式でも等号がなりたつので，ベクトル (x', y') と $(-\bar{y}, x)$ は平行となる．したがって，ある定数 λ が存在して

(11.6) $$(-\bar{y}, x) = \lambda(x', y').$$

この両辺の長さを考えると

$$r = \|(-\bar{y}, x)\| = |\lambda| \|(x', y')\| = |\lambda|$$

であるから，$\lambda = \pm r$．一方，(11.6) と (x', y') との内積を考えると

$$\lambda = \langle (x', y'), (-\bar{y}, x) \rangle$$

をえるが，(11.3) 式においても等号がなりたつことから，この右辺は ≥ 0 でなければならない．よって $\lambda = r$ となり，(11.6) の成分を比較することにより，$x = ry'$ をえる．

ここで，r が直線 L, L' の取り方によらないことに注意して，L, L' と直交する 2 直線 $\tilde{L}, \tilde{L}'$ を $\alpha(I)$ に接するようにとり，対応してとりなおした $\boldsymbol{R}^2$ の座標系を $\tilde{x}, \tilde{y}$ とすると，先程と同様の議論により $\tilde{x} = r\tilde{y}'$ がえられる．このとき，たとえば座標系 $\tilde{x}, \tilde{y}$ と x, y の関係が図 37 のようになっている（すなわち同じ向きを定めている）とすると，ある定数 c, d が存在して

$$\tilde{x} = y - c, \quad \tilde{y} = d - x$$

がなりたつ．したがって

$$y - c = \tilde{x} = r\tilde{y}' = -rx'$$

となり，

$$x^2 + (y-c)^2 = (ry')^2 + (-rx')^2 = r^2((x')^2 + (y')^2) = r^2$$

をえる．よって，$\alpha(I)$ は座標系 x, y のもとで，点 $(0, c)$ を中心とする半径 r の円周であることがわかる．座標系 $\tilde{x}, \tilde{y}$ と x, y の関係が反対（すなわち逆の向きを定める）であっても，同様の結果がえられることは明らかであろう． □

等周不等式 (11.1) より，あたえられた長さ l をもつ単純閉曲線 α のなかで，その囲む領域の面積 A が最大となるのは，α の像が半径 $l/(2\pi)$ の円周になる場合に限ることがわかる．

等周不等式は単純閉曲線 α が滑らかな曲線でなくても，長さが確定すれば一般のジョルダン曲線に対してなりたつことが知られている．α が C^1 級の曲線である場合のフーリエ級数を利用した証明については，付録 2 をみるとよい．

§12. 空間曲線

$\alpha : I = [0, l] \to \boldsymbol{R}^3$ を正則な空間曲線とし，α は弧長 s をパラメーターとして

$$\alpha(s) = (x(s), y(s), z(s)), \quad s \in I$$

とあらわされているとしよう．補題 7.1 より，各 $s \in I$ に対して曲線 α の s における接ベクトル

$$\alpha'(s) = (x'(s), y'(s), z'(s))$$

は単位ベクトルとなる．平面曲線の場合と同様に，この単位ベクトルを $e_1(s)$ であらわそう．このとき，任意の $s \in I$ について $\langle e_1(s), e_1(s) \rangle = 1$ であるから，この関係式を s について微分すれば

$$\langle e_1'(s), e_1(s) \rangle = 0, \quad s \in I.$$

すなわち各 s に対してベクトル $\alpha''(s) = e_1'(s)$ は $e_1(s)$ に直交する．

平面曲線の場合は，§8 でみたように，$e_1(s)$ を正の向きに 90 度回転した単位ベクトル $e_2(s)$ をとり，

$$\kappa(s) = \langle e_1'(s), e_2(s) \rangle, \quad s \in I$$

で定義される関数 $\kappa(s)$ により，点 $\alpha(s)$ のまわりで曲線 α の接ベクトル $\alpha'(s) = e_1(s)$ がどのように変化するか，その変化率の大きさを（符号つきで）測ることができた．

しかし空間曲線の場合には，$e_1(s)$ に直交する単位ベクトルは無数に存在するので，平面曲線のときのように $e_2(s)$ を $e_1(s)$ から一意的に決めることができない．そこで，ベクトル $e_1'(s)$ の長さを $\kappa(s)$ とおき，$\kappa(s)$ が 0 でないとき，

$$(12.1) \qquad e_2(s) = \frac{1}{\kappa(s)} e_1'(s), \quad s \in I$$

によって，$e_1(s)$ に直交する単位ベクトル $e_2(s)$ を定めることにしよう．このとき第 3 番目の単位ベクトル $e_3(s)$ として，$e_1(s)$ と $e_2(s)$ のベクトル積（外積）$e_1(s) \times e_2(s)$ として定義される[†]

$$(12.2) \qquad e_3(s) = e_1(s) \times e_2(s), \quad s \in I$$

をとれば，R^3 の正の向きの正規直交基底（右手系）$\{e_1(s), e_2(s), e_3(s)\}$ がえられることになる（図 38）．

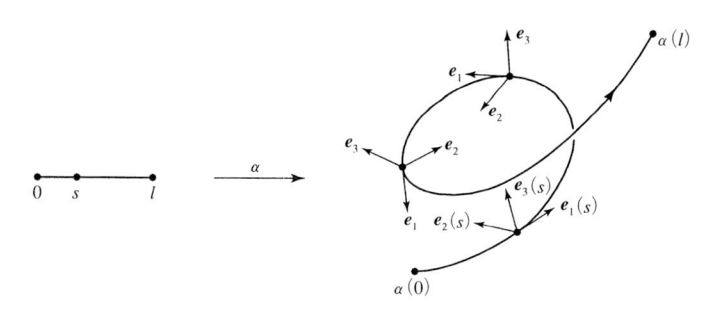

図 38

定義 12.1. 弧長でパラメーター表示された正則な空間曲線 $\alpha : I \to R^3$ に対して，$e_1(s) = \alpha'(s)$ とおき，

$$(12.3) \qquad \kappa(s) = \|e_1'(s)\| = \|\alpha''(s)\|, \quad s \in I$$

を空間曲線 α の s における**曲率**という．とくに $\kappa(s) \neq 0$ のとき，(12.1) で定義される単位ベクトル $e_2(s)$ を α の s における**主法線ベクトル**といい，(12.2) で定義される単位ベクトル $e_3(s)$ を α の s における**従法線ベクトル**という．

[†] $\boldsymbol{a} = (a_1, a_2, a_3), \boldsymbol{b} = (b_1, b_2, b_3) \in R^3$ に対して，$\boldsymbol{a}$ と $\boldsymbol{b}$ のベクトル積 $\boldsymbol{a} \times \boldsymbol{b}$ は $\boldsymbol{a} \times \boldsymbol{b} = (a_2 b_3 - a_3 b_2, a_3 b_1 - a_1 b_3, a_1 b_2 - a_2 b_1) \in R^3$ で定義される．

§12. 空 間 曲 線

平面曲線に対して §8 で定義された曲率 $\kappa(s)$ は，正負両方の値をとりえた．しかし，(12.3) で定義される空間曲線の曲率 $\kappa(s)$ は，記号は同じであるが，つねに $\kappa(s) \geq 0$ であることに注意しておこう．したがって，空間曲線の特別な場合として平面曲線を考える場合には，どちらの意味の曲率 $\kappa(s)$ を扱っているのか，注意する必要がある．

空間曲線の曲率 $\kappa(s)$ が 0 となる点 $\alpha(s)$ においては，$e_2(s)$ と $e_3(s)$ は定義されない．しかし，平面曲線の場合と同様に，ある区間 $[a,b]$ において $\kappa(s)$ が恒等的に 0 ならば，α の像 $\alpha([a,b])$ は直線を描くことが次のようにしてわかる．

例題 12.1. 弧長でパラメーター表示された正則な空間曲線 $\alpha : I \to \mathbf{R}^3$ の曲率 $\kappa(s)$ が区間 $[a,b] \subset I$ において恒等的に 0 ならば，α の像 $\alpha([a,b])$ は $\mathbf{R}^3$ 内の直線に含まれる．

解 $\kappa(s) = \|e_1'(s)\| = 0$ ならば，$e_1'(s) = 0$．したがって，$[a,b]$ 上で $e_1(s)$ は s によらない定ベクトルとなる．そこで

$$e_1(s) = \alpha'(s) = (x'(s), y'(s), z'(s)) = c$$

とおくと，これを $[a,b]$ 上で積分して

$$\alpha(s) = (x(s), y(s), z(s)) = (s-a)c + \alpha(a)$$

をえる．よって，$\alpha([a,b])$ は $\mathbf{R}^3$ 内の直線に含まれることがわかる． □

そこで以下，つねに $\kappa(s) \neq 0$ すなわち任意の $s \in I$ に対して $\kappa(s) > 0$ と仮定して話を進めよう．

このとき，曲線 α の各点 $\alpha(s)$ において定まる $\mathbf{R}^3$ の正の向きの正規直交基底 $\{e_1(s), e_2(s), e_3(s)\}$ を，空間曲線 α の**フレネ標構**という．§8 でみた平面曲線の場合と同様にして，フレネ標構の変化の様子を調べてみよう．まず，(12.1) より

(12.4) $\qquad e_1'(s) = \kappa(s) e_2(s), \quad s \in I.$

フレネ標構 $\{e_1(s), e_2(s), e_3(s)\}$ は正規直交基底であるから，$i, j = 1, 2, 3$ に対して

$$\langle e_i(s), e_j(s) \rangle = \delta_{ij}, \quad s \in I$$

となる．ここに，δ_{ij} はクロネッカーのデルタであり，$i=j$ のときは 1，そうでないときは 0 をあらわす．そこで，この式を s について微分して

(12.5) $\qquad \langle e_i'(s), e_j(s)\rangle + \langle e_i(s), e_j'(s)\rangle = 0, \quad i,j = 1,2,3$

がえられる．(12.5) で，とくに $i,j=2$ とすれば，

$$2\langle e_2'(s), e_2\rangle = 0.$$

すなわち $e_2'(s)$ は $e_2(s)$ に直交する．したがって，$e_2'(s)$ は $e_1(s)$ と $e_3(s)$ の 1 次結合として

$$e_2'(s) = a(s)e_1(s) + b(s)e_3(s)$$

とあらわされる．ここで，(12.5) で $i=2$, $j=1$ とした式と (12.4) より

$$\begin{aligned}a(s) &= \langle e_2'(s), e_1(s)\rangle = -\langle e_2(s), e_1'(s)\rangle \\ &= -\langle e_2(s), \kappa(s)e_2(s)\rangle = -\kappa(s)\end{aligned}$$

であるから，$b(s) = \tau(s)$ とおいて

(12.6) $\qquad e_2'(s) = -\kappa(s)e_1(s) + \tau(s)e_3(s), \quad s \in I$

をえる．一方，(12.5) で $i=j=3$ とすると

$$2\langle e_3'(s), e_3(s)\rangle = 0.$$

したがって，$e_3'(s)$ は $e_3(s)$ に直交し，$e_1(s)$ と $e_2(s)$ の 1 次結合として

$$e_3'(s) = c(s)e_1(s) + d(s)e_2(s)$$

とあらわされる．しかるに，(12.5) で $i=3$, $j=1$ とした式と (12.4) より

$$\begin{aligned}c(s) &= \langle e_3'(s), e_1(s)\rangle = -\langle e_3(s), e_1'(s)\rangle \\ &= -\langle e_3(s), \kappa(s)e_2(s)\rangle = 0.\end{aligned}$$

また，(12.5) で $i=3$, $j=2$ とした式と (12.6) より

$$d(s) = \langle e_3'(s), e_2(s)\rangle = -\langle e_3(s), e_2'(s)\rangle$$
$$= -\langle e_3(s), -\kappa(s)e_1(s) + \tau(s)e_3(s)\rangle = -\tau(s)$$

をえるから，結局

(12.7) $\qquad e_3'(s) = -\tau(s)e_2(s), \quad s \in I$

となることがわかる．

以上をまとめることにより

$$\begin{cases} e_1'(s) = \kappa(s)e_2(s), \\ e_2'(s) = -\kappa(s)e_1(s) + \tau(s)e_3(s), \\ e_3'(s) = -\tau(s)e_2(s), \end{cases}$$

すなわち，

(12.8) $\qquad \dfrac{d}{ds}\begin{pmatrix} e_1 \\ e_2 \\ e_3 \end{pmatrix} = \begin{pmatrix} 0 & \kappa & 0 \\ -\kappa & 0 & \tau \\ 0 & -\tau & 0 \end{pmatrix}\begin{pmatrix} e_1 \\ e_2 \\ e_3 \end{pmatrix}$

をえる．(12.8) 式は，空間曲線 α のフレネ標構の変化の様子をあらわす微分方程式系であり，空間曲線に対する**フレネ・セレーの公式**とよばれる．また (12.7) 式より，$\tau(s)$ は

(12.9) $\qquad \tau(s) = -\langle e_3'(s), e_2(s)\rangle, \quad s \in I$

であたえられることがわかる．

定義 12.2. (12.9) で定義される $\tau(s)$ を空間曲線 α の s における**撓率**という．

例 12.1. 例 7.1 でみたように，$a, b > 0$ に対して

$$\alpha(t) = (a\cos t, a\sin t, bt), \quad t \in \boldsymbol{R}$$

で定義される正則な空間曲線 $\alpha : \boldsymbol{R} \to \boldsymbol{R}^3$ の像は，図 20 のような常螺旋を描く．このとき，α の t における接ベクトルは

$$\alpha'(t) = (-a\sin t, a\cos t, b)$$

であるから，その長さは

$$\|\alpha'(t)\| = \sqrt{a^2 \sin^2 t + a^2 \cos^2 t + b^2} = \sqrt{a^2 + b^2}.$$

したがって，α の弧長は

$$s = s(t) = \int_0^t \|\alpha'(t)\| dt = \sqrt{a^2 + b^2}\, t$$

となるから，$t = s/\sqrt{a^2 + b^2}$ と書ける．

よって $\omega = 1/\sqrt{a^2 + b^2}$ とおけば，α の弧長によるパラメーター表示は

$$\alpha(s) = (a\cos\omega s, a\sin\omega s, b\omega s), \quad s \in \boldsymbol{R}$$

であたえられる．これより，

$$\begin{aligned}
\boldsymbol{e}_1(s) &= \alpha'(s) = (-a\omega \sin\omega s, a\omega \cos\omega s, b\omega), \\
\boldsymbol{e}_1'(s) &= (-a\omega^2 \cos\omega s, -a\omega^2 \sin\omega s, 0)
\end{aligned}$$

となるから，α の s における曲率は

$$\kappa(s) = \|\boldsymbol{e}_1'(s)\| = a\omega^2 = \frac{a}{a^2 + b^2} > 0$$

となる．したがって，(12.1) と (12.2) より

$$\begin{aligned}
\boldsymbol{e}_2(s) &= \frac{1}{\kappa(s)} \boldsymbol{e}_1'(s) = (-\cos\omega s, -\sin\omega s, 0), \\
\boldsymbol{e}_3(s) &= \boldsymbol{e}_1(s) \times \boldsymbol{e}_2(s) = (b\omega \sin\omega s, -b\omega \cos\omega s, a\omega)
\end{aligned}$$

となり，

$$\begin{aligned}
\boldsymbol{e}_2'(s) &= (\omega \sin\omega s, -\omega \cos\omega s, 0), \\
\boldsymbol{e}_3'(s) &= (b\omega^2 \cos\omega s, b\omega^2 \sin\omega s, 0)
\end{aligned}$$

をえる．よって，(12.9) より α の s における捩率は

$$\tau(s) = -\langle \boldsymbol{e}_3'(s), \boldsymbol{e}_2(s) \rangle = b\omega^2 = \frac{b}{a^2+b^2} > 0$$

となり，常螺旋 α の曲率 $\kappa(s)$ と捩率 $\tau(s)$ はともに s によらない定数であることがわかる．また，α に対するフレネ・セレーの公式は

$$\frac{d}{ds}\begin{pmatrix} \boldsymbol{e}_1 \\ \boldsymbol{e}_2 \\ \boldsymbol{e}_3 \end{pmatrix} = \frac{1}{a^2+b^2}\begin{pmatrix} 0 & a & 0 \\ -a & 0 & b \\ 0 & -b & 0 \end{pmatrix}\begin{pmatrix} \boldsymbol{e}_1 \\ \boldsymbol{e}_2 \\ \boldsymbol{e}_3 \end{pmatrix}$$

とあらわされる．

フレネ・セレーの公式より，たとえば次がわかる．

命題 12.1. $\alpha : I = [0, l] \to \boldsymbol{R}^3$ を弧長でパラメーター表示された正則な空間曲線とし，α の曲率 $\kappa(s)$ はつねに正であるとする．このとき，α の像が $\boldsymbol{R}^3$ 内のある平面に含まれることと，α の捩率 $\tau(s)$ が恒等的に 0 となることは同値である．

証明 α の像 $\alpha(I)$ が $\boldsymbol{R}^3$ 内の 1 つの平面に含まれるならば，α の捩率 $\tau(s)$ は恒等的に 0 となることをまず確かめよう．仮定より，任意の $s \in I$ に対して，ある 0 でない定ベクトル $\boldsymbol{a} \in \boldsymbol{R}^3$ が存在して

$$\langle \boldsymbol{a}, \alpha(s) - \alpha(0) \rangle = 0$$

となる（すなわち $\boldsymbol{a}$ はこの平面に直交するベクトル）．この式を s について微分すると

$$\langle \boldsymbol{a}, \alpha'(s) \rangle = \langle \boldsymbol{a}, \boldsymbol{e}_1(s) \rangle = 0.$$

さらに s について微分して (12.4) を用いると

$$\langle \boldsymbol{a}, \boldsymbol{e}_1'(s) \rangle = \kappa(s)\langle \boldsymbol{a}, \boldsymbol{e}_2(s) \rangle = 0.$$

仮定より $\kappa(s) \neq 0$ であるので，これより

$$\langle \boldsymbol{a}, \boldsymbol{e}_2(s) \rangle = 0.$$

すなわち，$\boldsymbol{a}$ は $\boldsymbol{e}_1(s)$ と $\boldsymbol{e}_2(s)$ に直交する．この式を s についてもう一度微分して (12.6) を用いると，

$$\langle \boldsymbol{a}, \boldsymbol{e}_2'(s) \rangle = \langle \boldsymbol{a}, -\kappa(s)\boldsymbol{e}_1(s) + \tau(s)\boldsymbol{e}_3(s) \rangle = \tau(s)\langle \boldsymbol{a}, \boldsymbol{e}_3(s) \rangle = 0.$$

ここで，$\boldsymbol{a}$ はすでに $\boldsymbol{e}_1(s)$ と $\boldsymbol{e}_2(s)$ に直交しているので，$\boldsymbol{e}_3(s)$ とは直交しえない．よって，任意の $s \in I$ に対して $\tau(s) = 0$ となる．

逆に，α の捩率 $\tau(s)$ が恒等的に 0 だとすると，(12.7) より，任意の $s \in I$ に対して $\boldsymbol{e}_3'(s) = 0$. したがって，$\boldsymbol{e}_3(s)$ は s によらない定ベクトルとなる．$\boldsymbol{e}_3(s) = \boldsymbol{b}$ として，$\langle \boldsymbol{b}, \alpha(s) \rangle$ を s について微分すると

$$\langle \boldsymbol{b}, \alpha(s) \rangle' = \langle \boldsymbol{e}_3(s), \boldsymbol{e}_1(s) \rangle = 0$$

であるから，$\langle \boldsymbol{b}, \alpha(s) \rangle$ は s によらない定数となる．よって，任意の s に対して

$$\langle \boldsymbol{b}, \alpha(s) - \alpha(0) \rangle = 0.$$

すなわち，α の像 $\alpha(I)$ はベクトル $\boldsymbol{b} \in \boldsymbol{R}^3$ に直交する平面に含まれることがわかる． □

命題 12.1 の証明から，α の捩率 $\tau(s)$ が恒等的に 0 ならば，α の像 $\alpha(I)$ は α の従法線ベクトル $\boldsymbol{e}_3(s)$ に直交する平面，すなわち $\boldsymbol{e}_1(s)$ と $\boldsymbol{e}_2(s)$ によって張られる平面に含まれることがわかる．また，$\tau(s) \neq 0$ のときにも，この平面は点 $\alpha(s)$ における α の接線を含み，かつ α の像 $\alpha(I)$ の最も近くに位置する平面と考えることができる（章末の問題 8 参照）．

このことから，正則な空間曲線 α のフレネ標構 $\{\boldsymbol{e}_1(s), \boldsymbol{e}_2(s), \boldsymbol{e}_3(s)\}$ に対し，$\boldsymbol{e}_1(s)$ と $\boldsymbol{e}_2(s)$ で張られる平面を $\alpha(s)$ における α の**接触平面**という．また，$\boldsymbol{e}_2(s)$ と $\boldsymbol{e}_3(s)$ で張られる平面を $\alpha(s)$ における α の**法平面**といい，$\boldsymbol{e}_3(s)$ と $\boldsymbol{e}_1(s)$ で張られる平面を $\alpha(s)$ における α の**展直平面**という．

(12.9) 式から，α の捩率 $\tau(s)$ は点 $\alpha(s)$ のまわりで接触平面がどのように変化していくのか，その主法線ベクトル $\boldsymbol{e}_2(s)$ 方向へのねじれ具合をあらわす量であることがわかる．定義より，捩率 $\tau(s)$ は正負両方の値を取りえることに注意．また命題 12.1 は，α の曲率 $\kappa(s)$ が 1 点ででも 0 になれば，なりたたないことに注意しておこう（章末の問題 12 参照）．

§12. 空 間 曲 線

例題 12.2. $\alpha: I \to \boldsymbol{R}^3$ を弧長でパラメーター表示された正則な空間曲線とする．α の任意の点における法平面がある定点 $p_0 \in \boldsymbol{R}^3$ を通るならば，α の像 $\alpha(I)$ は $\boldsymbol{R}^3$ 内の球面に含まれる．

解 法平面は α の接ベクトル $\alpha'(s)$ に直交する平面であるから，仮定より，任意の $s \in I$ に対して
$$\langle \alpha(s) - p_0, \boldsymbol{e}_1(s) \rangle = 0$$
がなりたつ．したがって，
$$\langle \alpha(s) - p_0, \alpha(s) - p_0 \rangle' = 2\langle \alpha(s) - p_0, \boldsymbol{e}_1(s) \rangle = 0$$
であるから，$\langle \alpha(s) - p_0, \alpha(s) - p_0 \rangle$ は s によらない定数 $c \geq 0$ となる．$c = 0$ ならば，$\alpha(s) = p_0$ したがって $\alpha'(s) = 0$ となるから，α が正則な曲線であることに反する．よって $c > 0$ であり，α の像 $\alpha(I)$ は p_0 を中心とする半径 $\sqrt{c}$ の球面に含まれることがわかる． □

正則な空間曲線 α の曲率 $\kappa(s)$ と捩率 $\tau(s)$ が 0 でないとき，$\rho(s) = 1/\kappa(s)$ と $\sigma(s) = 1/\tau(s)$ をそれぞれ α の s における**曲率半径**および**捩率半径**とよぶ．α の像が球面に含まれるとき，その曲率半径 $\kappa(s)$ と捩率半径 $\sigma(s)$ の間に次の関係がなりたつ．

命題 12.2. $\alpha: I \to \boldsymbol{R}^3$ を弧長でパラメーター表示された正則な空間曲線とし，α の像は $\boldsymbol{R}^3$ 内の原点を中心とする半径 r の球面に含まれるとする．このとき，つねに $\kappa(s) > 0$ であり，もし $\tau(s) \neq 0$ ならば，
$$\alpha(s) = -\rho(s)\boldsymbol{e}_2(s) - \rho'(s)\sigma(s)\boldsymbol{e}_3(s)$$
がなりたつ．したがって，$\rho^2(s) + (\rho'\sigma)^2(s) = r^2$ となる．

証明 仮定より，任意の $s \in I$ に対して $\langle \alpha(s), \alpha(s) \rangle = r^2$ であるから，これを s について微分して $\langle \alpha(s), \boldsymbol{e}_1(s) \rangle = 0$ をえる．この式を s について微分すると
$$0 = \langle \alpha(s), \boldsymbol{e}_1(s) \rangle' = \langle \boldsymbol{e}_1(s), \boldsymbol{e}_1(s) \rangle + \langle \alpha(s), \boldsymbol{e}_1'(s) \rangle$$
$$= 1 + \langle \alpha(s), \boldsymbol{e}_1'(s) \rangle$$

をえるから，$\langle \alpha(s), e_1'(s) \rangle = -1 \neq 0$. よって $\kappa(s) = \|e_1'(s)\| \neq 0$ となることがわかる．

ここで，$\alpha(s)$ を $\boldsymbol{R}^3$ のベクトルとみなして

$$\alpha(s) = a(s)e_1(s) + b(s)e_2(s) + c(s)e_3(s), \quad s \in I$$

とあらわすとき，(12.1) と以上のことから

$$a(s) = \langle \alpha(s), e_1(s) \rangle = 0,$$
$$b(s) = \langle \alpha(s), e_2(s) \rangle = -1/\kappa(s) = -\rho(s),$$
$$c(s) = \langle \alpha(s), e_3(s) \rangle.$$

関係式 $\langle \alpha(s), e_2(s) \rangle = -\rho(s)$ を s について微分し，(12.6) を用いると

$$\begin{aligned}
-\rho'(s) &= \langle \alpha(s), e_2(s) \rangle' \\
&= \langle e_1(s), e_2(s) \rangle + \langle \alpha(s), -\kappa(s)e_1(s) + \tau(s)e_3(s) \rangle \\
&= 0 - \kappa(s)\langle \alpha(s), e_1(s) \rangle + \tau(s)\langle \alpha(s), e_3(s) \rangle \\
&= \tau(s)\langle \alpha(s), e_3(s) \rangle.
\end{aligned}$$

したがって，$\tau(s) \neq 0$ ならば，$c(s) = -\rho'(s)/\tau(s) = -\rho'(s)\sigma(s)$ となり，$\alpha(s)$ は

$$\alpha(s) = -\rho(s)e_2(s) - \rho'(s)\sigma(s)e_3(s)$$

とあらわされることがわかる．また，$e_2(s)$ と $e_3(s)$ が直交することから

$$\begin{aligned}
r^2 &= \langle \alpha(s), \alpha(s) \rangle = \| -\rho(s)e_2(s) - \rho'(s)\sigma(s)e_3(s) \|^2 \\
&= \rho^2(s) + (\rho'\sigma)^2(s)
\end{aligned}$$

をえる． □

命題 12.2 は一般的に逆もなりたつことを注意しておこう（章末の問題 9 参照）．

正則な空間曲線 $\alpha : I \to \boldsymbol{R}^3$ が，弧長 s とは限らない一般のパラメーター t を用いて

$$\alpha(t) = (x(t), y(t), z(t)), \quad t \in I$$

とあらわされている場合にも，平面曲線の場合と同様にして，α のフレネ標構 $\{e_1(s), e_2(s), e_3(s)\}$ に対応する正規直交基底の族 $\{e_1(t), e_2(t), e_3(t)\}$ がえられる．これを用いて，フレネ標構 $\{e_1(s), e_2(s), e_3(s)\}$ の場合と同様の考察により，空間曲線 α の t における曲率 $\kappa(t)$ と捩率 $\tau(t)$ を定義することができる．簡単な計算により，$\kappa(t)$ と $\tau(t)$ は

$$(12.10) \qquad \kappa(t) = \frac{\|\alpha'(t) \times \alpha''(t)\|}{\|\alpha'(t)\|^3}, \qquad \tau(t) = \frac{|\alpha'(t)\ \alpha''(t)\ \alpha'''(t)|}{\|\alpha'(t) \times \alpha''(t)\|^2}$$

であたえられることがわかる．ただしここに $|\alpha'(t)\ \alpha''(t)\ \alpha'''(t)|$ は3つのベクトル $\alpha'(t), \alpha''(t), \alpha'''(t)$ を列ベクトルとする行列式をあらわす（章末の問題10参照）．

§13. 曲線論の基本定理

3次元ユークリッド空間 $\boldsymbol{R}^3$ の変換 $\psi : \boldsymbol{R}^3 \to \boldsymbol{R}^3$ で，任意の $x, y \in \boldsymbol{R}^3$ に対して

$$(13.1) \qquad \|\psi(x) - \psi(y)\| = \|x - y\|$$

をみたすもの，すなわち $\boldsymbol{R}^3$ 内の任意の2点間の距離を保つ写像を $\boldsymbol{R}^3$ の**等長変換**という．$\boldsymbol{R}^3$ での平行移動や回転，あるいは平面に関する鏡映（裏返し）などは等長変換の例である．

例 13.1. $\boldsymbol{R}^3$ の線形変換 $\psi : \boldsymbol{R}^3 \to \boldsymbol{R}^3$ で，任意の $x \in \boldsymbol{R}^3$ に対して $\|\psi(x)\| = \|x\|$ となるものを $\boldsymbol{R}^3$ の**直交変換**という．このとき，任意の $x, y \in \boldsymbol{R}^3$ に対して $\|\psi(x) - \psi(y)\| = \|\psi(x - y)\| = \|x - y\|$ となるから，ψ は $\boldsymbol{R}^3$ の等長変換である．逆に，線形変換 $\psi : \boldsymbol{R}^3 \to \boldsymbol{R}^3$ が等長変換ならば，$\psi(0) = 0$ だから，任意の $x \in \boldsymbol{R}^3$ に対して $\|\psi(x)\| = \|\psi(x) - \psi(0)\| = \|x - 0\| = \|x\|$ となり，ψ は $\boldsymbol{R}^3$ の直交変換である．すなわち，$\boldsymbol{R}^3$ の線形な等長変換は直交変換に限ることがわかる．

定義から容易にわかるように，$\boldsymbol{R}^3$ の2つの等長変換 ψ_1 と ψ_2 の合成写像 $\psi_2 \circ \psi_1$ は等長変換である．したがって，とくに $\boldsymbol{R}^3$ の直交変換と平行移動を合成したものは等長変換となるが，逆に $\boldsymbol{R}^3$ のすべての等長変換はこのようにしてえられることがわかる．

命題 13.1. $\boldsymbol{R}^3$ の任意の等長変換 ψ に対して, $\boldsymbol{R}^3$ の直交変換 ψ_1 と平行移動 ψ_2 が一意的に存在して, $\psi = \psi_2 \circ \psi_1$ がなりたつ.

証明 $b = \psi(0) \in \boldsymbol{R}^3$ とおき, $\psi_2 : \boldsymbol{R}^3 \to \boldsymbol{R}^3$ を $\psi_2(x) = x + b$ で定義される平行移動とする. $\psi_1 = \psi_2^{-1} \circ \psi$ と定義するとき, $\psi_1 : \boldsymbol{R}^3 \to \boldsymbol{R}^3$ が直交変換となることをみればよい. 明らかに ψ_1 は等長変換であり, $\psi_1(0) = 0$. よって, 任意の $x \in \boldsymbol{R}^3$ に対して

(13.2) $$\|\psi_1(x)\| = \|\psi_1(x) - \psi_1(0)\| = \|x - 0\| = \|x\|$$

となるから, あとは ψ_1 が線形変換であることを示せばよい. すなわち, 任意の $x, y \in \boldsymbol{R}^3$ と $\lambda, \mu \in \boldsymbol{R}$ に対して

$$\psi_1(\lambda x + \mu y) = \lambda \psi_1(x) + \mu \psi_1(y)$$

がなりたつ, いいかえると

(13.3) $$\psi_1(\lambda x + \mu y) - \lambda \psi_1(x) - \mu \psi_1(y) = 0$$

となることをみればよい.

さて $\{\boldsymbol{e}_1, \boldsymbol{e}_2, \boldsymbol{e}_3\}$ を $\boldsymbol{R}^3$ の正規直交基底とするとき, (13.1) と (13.2) より, 任意の $x, y \in \boldsymbol{R}^3$ に対して

$$\langle \psi_1(x), \psi_1(y) \rangle = \frac{1}{2}\left(\|\psi_1(x)\|^2 + \|\psi_1(y)\|^2 - \|\psi_1(x) - \psi_1(y)\|^2\right)$$
$$= \frac{1}{2}\left(\|x\|^2 + \|y\|^2 - \|x - y\|^2\right) = \langle x, y \rangle$$

がなりたつから, $\{\psi_1(\boldsymbol{e}_1), \psi_1(\boldsymbol{e}_2), \psi_1(\boldsymbol{e}_3)\}$ も $\boldsymbol{R}^3$ の正規直交基底となる. また, 各 $i = 1, 2, 3$ について

$$\langle \psi_1(\lambda x + \mu y) - \lambda \psi_1(x) - \mu \psi_1(y), \psi_1(\boldsymbol{e}_i) \rangle$$
$$= \langle \lambda x + \mu y, \boldsymbol{e}_i \rangle - \lambda \langle x, \boldsymbol{e}_i \rangle - \mu \langle y, \boldsymbol{e}_i \rangle = 0$$

をえるから, $\psi_1(\lambda x + \mu y) - \lambda \psi_1(x) - \mu \psi_1(y)$ は $\boldsymbol{R}^3$ の正規直交基底の各ベクトル $\psi_1(\boldsymbol{e}_i)$ と直交することがわかる. よって (13.3) がなりたつ.

一意性については，ψ_1 は直交変換であるから $\psi_1(0) = 0$. したがって，$\psi_2(0) = \psi_2(\psi_1(0)) = \psi(0)$ となり，平行移動 ψ_2 は ψ から一意的に定まることがわかる．よって，直交変換 $\psi_1 = \psi_2^{-1} \circ \psi$ も ψ から一意的に定まる． □

命題 13.1 より，任意の等長変換 $\psi: \mathbb{R}^3 \to \mathbb{R}^3$ は，ある 3 次の直交行列 A とベクトル $b \in \mathbb{R}^3$ によって

$$\psi(x) = Ax + b, \quad x \in \mathbb{R}^3$$

とあらわされることがわかる．直交行列 A の行列式 $|A|$ は ± 1 であるが，とくに $|A| = 1$ のとき，ψ を $\mathbb{R}^3$ の**運動**という．

さて，$\alpha: I = [0, l] \to \mathbb{R}^3$ を弧長でパラメーター表示された正則な空間曲線とし，α の曲率 $\kappa(s)$ はつねに正であるとしよう．このとき，§12 でみたように，α のフレネ標構 $\{e_1(s), e_2(s), e_3(s)\}$ が定義され，フレネ・セレーの公式

$$(13.4) \quad \frac{d}{ds}\begin{pmatrix} e_1 \\ e_2 \\ e_3 \end{pmatrix} = \begin{pmatrix} 0 & \kappa & 0 \\ -\kappa & 0 & \tau \\ 0 & -\tau & 0 \end{pmatrix} \begin{pmatrix} e_1 \\ e_2 \\ e_3 \end{pmatrix}$$

がなりたつ．

(13.4) にあらわれる α の曲率 $\kappa(s)$ と捩率 $\tau(s)$ は，実は α に $\mathbb{R}^3$ の運動を施しても変わらない「幾何学的な量」であることがわかる．すなわち次がなりたつ．

命題 13.2. $\alpha: I = [0, l] \to \mathbb{R}^3$ を弧長 s でパラメーター表示された正則な空間曲線とし，$\psi: \mathbb{R}^3 \to \mathbb{R}^3$ を $\mathbb{R}^3$ の運動とする．ψ を $\psi(x) = Ax + b$ (A は直交行列，$b \in \mathbb{R}^3$) とあらわすとき，次がなりたつ．

(1) $\tilde{\alpha} = \psi \circ \alpha: I = [0, l] \to \mathbb{R}^3$ は正則な空間曲線である．
(2) $\tilde{\alpha}$ の弧長を $\tilde{s}$ とするとき，$\tilde{s} = s$ である．
(3) $\{e_1(s), e_2(s), e_3(s)\}$ を α のフレネ標構とするとき，$\tilde{\alpha}$ のフレネ標構 $\{\tilde{e}_1(s), \tilde{e}_2(s), \tilde{e}_3(s)\}$ は

$$\tilde{e}_i(s) = A e_i(s), \quad i = 1, 2, 3$$

であたえられる．

(4) $\tilde{\kappa}(s), \tilde{\tau}(s)$ および $\kappa(s), \tau(s)$ をそれぞれ $\tilde{\alpha}$ および α の曲率と捩率とするとき,

$$\tilde{\kappa}(s) = \kappa(s), \ \tilde{\tau}(s) = \tau(s), \quad s \in I.$$

証明 ψ を $\psi(x) = Ax + b$ とあらわすとき,

$$\tilde{\alpha}(s) = \psi(\alpha(s)) = A\alpha(s) + b, \quad s \in I$$

であるから, $\tilde{\alpha}'(s) = A\alpha'(s)$. ここで A は直交行列であるから, $\|\tilde{\alpha}'(s)\| = \|\alpha'(s)\| = 1$. これより (1) と (2) は容易.

(3) と (4) については, $\tilde{s} = s$ に注意して, まず

$$\tilde{\boldsymbol{e}}_1(s) = \tilde{\alpha}'(s) = A\alpha'(s) = A\boldsymbol{e}_1(s)$$

をえる. よって, (12.3) より

$$\tilde{\kappa}(s) = \|\tilde{\boldsymbol{e}}_1'(s)\| = \|A\boldsymbol{e}_1'(s)\| = \|\boldsymbol{e}_1'(s)\| = \kappa(s) > 0$$

となることがわかる. したがって, (12.1) より

$$\tilde{\boldsymbol{e}}_2(s) = \tilde{\kappa}(s)^{-1}\tilde{\boldsymbol{e}}_1'(s) = \tilde{\kappa}(s)^{-1}A\boldsymbol{e}_1'(s) = \tilde{\kappa}(s)^{-1}\kappa(s)A\boldsymbol{e}_2(s) = A\boldsymbol{e}_2(s).$$

また, $|A| = 1$ より $A(\boldsymbol{e}_1(s) \times \boldsymbol{e}_2(s)) = A\boldsymbol{e}_1(s) \times A\boldsymbol{e}_2(s)$ であるから, (12.2) より, $\tilde{\boldsymbol{e}}_3(s) = A\boldsymbol{e}_3(s)$ をえる.

一方, (12.9) より捩率について

$$\tilde{\tau}(s) = -\langle \tilde{\boldsymbol{e}}_3'(s), \tilde{\boldsymbol{e}}_2(s) \rangle = -\langle A\boldsymbol{e}_3'(s), A\boldsymbol{e}_2(s) \rangle = -\langle \boldsymbol{e}_3'(s), \boldsymbol{e}_2(s) \rangle = \tau(s)$$

となることもわかる. □

命題 13.2 より, 正則な空間曲線に $\boldsymbol{R}^3$ の運動を施しても曲率と捩率は変わらないことがわかったが, 逆に, 弧長でパラメーター表示された 2 つの空間曲線 α と $\bar{\alpha}$ の曲率と捩率が等しいならば, $\bar{\alpha}$ は α から $\boldsymbol{R}^3$ の運動によってえられることがわかる. すなわち次の定理がなりたつ.

定理 13.1. $\alpha : I = [0,l] \to \mathbb{R}^3$ と $\bar{\alpha} : I = [0,l] \to \mathbb{R}^3$ をともに弧長 $s \in I$ によりパラメーター表示された正則な空間曲線とし，曲率はつねに正であるとする．α と $\bar{\alpha}$ の曲率 $\kappa(s), \bar{\kappa}(s)$ および捩率 $\tau(s), \bar{\tau}(s)$ について，つねに

$$\kappa(s) = \bar{\kappa}(s), \ \tau(s) = \bar{\tau}(s), \quad s \in I$$

がなりたつならば，$\mathbb{R}^3$ の運動 $\psi : \mathbb{R}^3 \to \mathbb{R}^3$ が一意的に存在して，$\bar{\alpha} = \psi \circ \alpha$ となる．

証明 点 $\alpha(0)$ における α のフレネ標構 $\{\boldsymbol{e}_1(0), \boldsymbol{e}_2(0), \boldsymbol{e}_3(0)\}$ と点 $\bar{\alpha}(0)$ における $\bar{\alpha}$ のフレネ標構 $\{\bar{\boldsymbol{e}}_1(0), \bar{\boldsymbol{e}}_2(0), \bar{\boldsymbol{e}}_3(0)\}$ に対して，一意的に $\mathbb{R}^3$ の運動 $\psi : \mathbb{R}^3 \to \mathbb{R}^3$ が存在して，ψ を $\psi(x) = Ax + b$（A は直交行列，$b \in \mathbb{R}^3$）とあらわすとき，

(13.5) $\qquad \psi(\alpha(0)) = \bar{\alpha}(0), \quad A\boldsymbol{e}_i(0) = \bar{\boldsymbol{e}}_i(0), \quad i = 1, 2, 3$

とできることにまず注意しよう．そこで，$\tilde{\alpha} = \psi \circ \alpha$ とおき，このようにしてえられる曲線 $\tilde{\alpha} : I = [0,l] \to \mathbb{R}^3$ が $\bar{\alpha}$ と一致すること，すなわち

$$\bar{\alpha}(s) = \tilde{\alpha}(s) = \psi \circ \alpha(s), \quad s \in I$$

となることを確かめよう（図 39）．

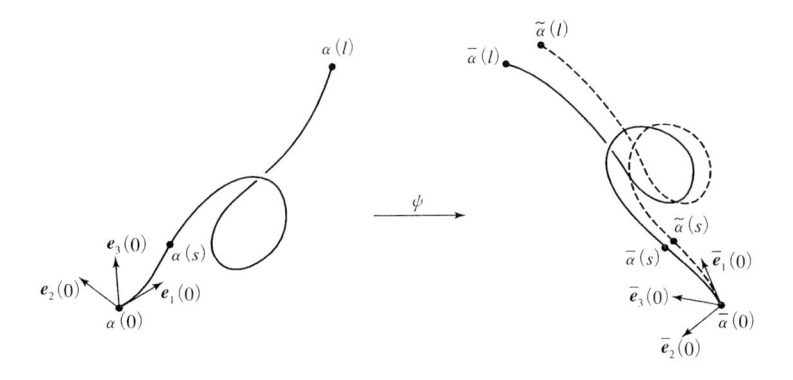

図 39

さて，命題 13.2 より，$\tilde{\alpha}$ は s を弧長とする正則な曲線であり，$\tilde{\alpha}$ のフレネ標構を $\{\tilde{\boldsymbol{e}}_1(s), \tilde{\boldsymbol{e}}_2(s), \tilde{\boldsymbol{e}}_3(s)\}$ とし，曲率と捩率をそれぞれ $\tilde{\kappa}(s)$ および $\tilde{\tau}(s)$ とする

とき，
$$\tilde{\boldsymbol{e}}_i(s) = A\boldsymbol{e}_i(s), \quad i = 1, 2, 3$$

であり，かつ仮定より

$$\tilde{\kappa}(s) = \kappa(s) = \bar{\kappa}(s), \quad \tilde{\tau}(s) = \tau(s) = \bar{\tau}(s), \quad s \in I$$

がなりたつ．したがって，フレネ・セレーの公式 (13.4) より，$\tilde{\alpha}$ のフレネ標構 $\{\tilde{\boldsymbol{e}}_1(s), \tilde{\boldsymbol{e}}_2(s), \tilde{\boldsymbol{e}}_3(s)\}$ と $\bar{\alpha}$ のフレネ標構 $\{\bar{\boldsymbol{e}}_1(s), \bar{\boldsymbol{e}}_2(s), \bar{\boldsymbol{e}}_3(s)\}$ はともに線形常微分方程式系

(13.6) $$\boldsymbol{u}_i' = \sum_{j=1}^{3} a_{ij}(s)\boldsymbol{u}_j, \quad j = 1, 2, 3$$

をみたすことがわかる．ただし，$(a_{ij}(s))$ は次で定義される行列をあらわす．

(13.7) $$\begin{pmatrix} 0 & \kappa(s) & 0 \\ -\kappa(s) & 0 & \tau(s) \\ 0 & -\tau(s) & 0 \end{pmatrix}$$

ここで (13.5) より，$s = 0$ のときの初期値について

$$\tilde{\boldsymbol{e}}_i(0) = A\boldsymbol{e}_i(0) = \bar{\boldsymbol{e}}_i(0), \quad i = 1, 2, 3$$

がなりたつから，線形常微分方程式系 (13.6) の解の一意性（付録 1 参照）より，各 $i = 1, 2, 3$ について

$$\tilde{\boldsymbol{e}}_i(s) = \bar{\boldsymbol{e}}_i(s), \quad s \in I$$

となることがわかる．

したがって，
$$\frac{d}{ds}(\tilde{\alpha}(s) - \bar{\alpha}(s)) = \tilde{\boldsymbol{e}}_1(s) - \bar{\boldsymbol{e}}_1(s) = 0$$

となり，$\tilde{\alpha}(s) - \bar{\alpha}(s)$ は s によらず一定となるが，(13.5) より $\tilde{\alpha}(0) = \bar{\alpha}(0)$ であるので，結局

$$\tilde{\alpha}(s) = \bar{\alpha}(s), \quad s \in I$$

となることがわかる． □

§13. 曲線論の基本定理

例 12.1 と定理 13.1 より，曲率 $\kappa(s)\,(>0)$ と捩率 $\tau(s)$ がともに定数であるような正則な空間曲線は，$\boldsymbol{R}^3$ の適当な運動のもとで常螺旋と一致することがわかる．

定理 13.1 は，正則な空間曲線が曲率 $\kappa(s) > 0$ と捩率 $\tau(s)$ から，$\boldsymbol{R}^3$ の運動を除いて一意的に決まることを示しているが，逆に，ある閉区間 I 上で定義された C^∞ 級関数 $\kappa(s) > 0$ と $\tau(s)$ があたえられたとき[†]，$\kappa(s)$ と $\tau(s)$ をそれぞれ曲率と捩率にもつような正則な空間曲線 $\alpha : I \to \boldsymbol{R}^3$ が存在することも証明できる．すなわち，**曲線論の基本定理**とよばれる次の定理がなりたつ．

定理 13.2. (曲線論の基本定理)　閉区間 $I = [0,l]$ 上で定義された任意の C^∞ 級関数 $\kappa(s) > 0$ と $\tau(s)$ に対して，$s \in I$ を弧長とし $\kappa(s)$ と $\tau(s)$ をそれぞれ曲率と捩率とするような正則な空間曲線 $\alpha : I \to \boldsymbol{R}^3$ が，$\boldsymbol{R}^3$ の運動を除いて一意的に存在する．

証明　求める曲線 α の一意性については，すでに定理 13.1 で証明済みであるから，その存在について示せばよい．

このような空間曲線 α が存在すれば，そのフレネ標構はフレネ・セレーの公式をみたすことに注意して，定理 13.1 の証明のときと同様に，閉区間 I 上で線形常微分方程式系

$$(13.8) \qquad e'_i = \sum_{j=1}^{3} a_{ij}(s) e_j, \quad j = 1, 2, 3$$

を考える．ここで $(a_{ij}(s))$ は，あたえられた関数 $\kappa(s)$ と $\tau(s)$ を用いて (13.7) と同様に定義した行列である．

$s = 0$ における初期値を

$$e_1(0) = (1, 0, 0), \quad e_2(0) = (0, 1, 0), \quad e_3(0) = (0, 0, 1)$$

とするとき，線形常微分方程式系に関する解の存在定理（付録 1）より (13.8) は I 上で定義された C^∞ 級の解 $e_1(s), e_2(s), e_3(s)$ を一意的にもつ．そこで

[†] 閉区間 I 上で定義された C^∞ 級関数とは，I を含むある開区間上の C^∞ 級関数に拡張できるものをいう．

(13.9) $$\alpha(s) = \int_0^s \bm{e}_1(u)du, \quad s \in I$$

と定義すると，原点 $0 \in \bm{R}^3$ を始点とする滑らかな曲線 $\alpha : I = [0, l] \to \bm{R}^3$ がえられる．ここで，右辺の $\bm{e}_1$ をベクトル値関数 $\bm{e}_1 : I \to \bm{R}^3$ とみての積分をあらわす．この α が求める曲線であること，すなわち $s \in I$ は α の弧長パラメーターであり，s における α の曲率と撓率がそれぞれ $\kappa(s)$ と $\tau(s)$ であたえられることを示せばよい．

そのためにまず，各点 $\alpha(s)$ において $\{\bm{e}_1(s), \bm{e}_2(s), \bm{e}_3(s)\}$ が正の向きの正規直交基底を定めることを確かめよう．そこで $i, j = 1, 2, 3$ に対して，$f_{ij}(s) = \langle \bm{e}_i(s), \bm{e}_j(s) \rangle$ とおくと，(13.8) より

$$f'_{ij} = \langle \bm{e}'_i, \bm{e}_j \rangle + \langle \bm{e}_i, \bm{e}'_j \rangle = \sum_{k=1}^3 a_{ik}(s) f_{kj} + \sum_{k=1}^3 a_{jk}(s) f_{ki}$$

をえる．したがって，$f_{ij}(s)$ $(i, j = 1, 2, 3)$ は線形常微分方程式系

(13.10) $$f'_{ij} = \sum_{k=1}^3 a_{ik}(s) f_{kj} + \sum_{k=1}^3 a_{jk}(s) f_{ki}, \quad i, j = 1, 2, 3$$

の解であり，$s = 0$ のときの初期値は

$$f_{ij}(0) = \delta_{ij}, \quad i, j = 1, 2, 3$$

であたえられる（ここに，δ_{ij} はクロネッカーのデルタである）．一方，$(a_{ij}(s))$ が交代行列であることから，$f_{ij}(s) \equiv \delta_{ij}$ $(s \in I)$ と定義した定数関数は

$$\sum_{k=1}^3 a_{ik}(s) f_{kj} + \sum_{k=1}^3 a_{jk}(s) f_{ki} = a_{ij}(s) + a_{ji}(s) \equiv 0 \equiv \delta'_{ij} = f'_{ij}$$

をみたすので，明らかに (13.10) の解となる．したがって，(13.10) の解の一意性より，任意の $s \in I$ に対して

$$f_{ij}(s) = \langle \bm{e}_i(s), \bm{e}_j(s) \rangle = \delta_{ij}, \quad i, j = 1, 2, 3$$

をえる．すなわち $\{\bm{e}_1(s), \bm{e}_2(s), \bm{e}_3(s)\}$ は正規直交基底をなすことがわかる．したがって，$|\bm{e}_1(s)\ \bm{e}_2(s)\ \bm{e}_3(s)|$ を 3 つのベクトル $\bm{e}_1(s), \bm{e}_2(s), \bm{e}_3(s)$ を列ベクト

ルとする行列式とすれば，$|\bm{e}_1(s)\ \bm{e}_2(s)\ \bm{e}_3(s)| = \pm 1$ となるが，$s = 0$ においては定義より

$$|\bm{e}_1(0)\ \bm{e}_2(0)\ \bm{e}_3(0)| = 1.$$

しかるにこの行列式は s について連続であるから，結局その値はつねに 1 となり，$\{\bm{e}_1(s), \bm{e}_2(s), \bm{e}_3(s)\}$ は各点 $\alpha(s)$ において正の向きの正規直交基底を定めていることがわかる．

さて，α の定義式 (13.9) より，

$$\alpha'(s) = \bm{e}_1(s), \quad s \in I$$

であるから，$\|\alpha'(s)\| = 1$．したがって，$\alpha : I = [0, l] \to \bm{R}^3$ は正則な空間曲線であり，s は α の弧長パラメーターとなることがわかる．

またこれと (13.8) および (12.1) より，$\{\bm{e}_1(s), \bm{e}_2(s), \bm{e}_3(s)\}$ は α のフレネ標構となることがわかるから，(13.8) 式は α のフレネ・セレーの公式に他ならない．したがって，$\kappa(s)$ と $\tau(s)$ はそれぞれ α の曲率と挠率に一致することがわかる．よって α は求める曲線であることが示された． □

定理 13.2 より，正則な空間曲線 α は，弧長 s と曲率 $\kappa(s)$ および挠率 $\tau(s)$ という 3 つの幾何学的量で（$\kappa(s) > 0$ の場合には）完全に決定されることがわかる．したがって，空間曲線 α に対し，曲率 $\kappa(s)$ と挠率 $\tau(s)$ があたえられたとき，方程式

(13.11) $$\kappa = \kappa(s), \quad \tau = \tau(s)$$

から逆に α が定義されていると考えることもできる．この意味で (13.11) を空間曲線の**自然方程式**とよぶ．しかし一般には，あたえられた関数 $\kappa(s) > 0$ と $\tau(s)$ から，対応するフレネ・セレーの方程式 (13.4) を求積法で解き，曲線 α を具体的に求めるのは困難なことが多い．

定理 13.2 の証明と同様にして，平面曲線 $\alpha : I = [0, l] \to \bm{R}^2$ に対する曲線論の基本定理をえることができる．

定理 13.3. 閉区間 $I = [0, l]$ 上で定義された任意の C^∞ 級関数 $\kappa(s)$ に対し

て，$s \in I$ を弧長とし $\kappa(s)$ を曲率とするような正則な平面曲線 $\alpha : I \to \boldsymbol{R}^2$ が，$\boldsymbol{R}^2$ の回転と平行移動を除いて一意的に存在する．

問 13.1. これを証明せよ．

§14. 全 曲 率

$\alpha : I = [0,l] \to \boldsymbol{R}^3$ を弧長でパラメーター表示された正則な空間曲線とし，

$$S^2 = \{(x,y,z) \in \boldsymbol{R}^3 \mid x^2 + y^2 + z^2 = 1\}$$

を $\boldsymbol{R}^3$ 内の単位球面とする．α の s における接ベクトル $\alpha'(s)$ は単位ベクトルであるから，各 $s \in I$ に対して $\alpha'(s)$ を対応させることにより，I 上で定義された $\boldsymbol{R}^3$ 内の滑らかな曲線

$$\alpha' : I = [0,l] \to S^2 \subset \boldsymbol{R}^3$$

でその像 $\alpha'(I)$ が単位球面 S^2 に含まれるもの，いいかえると単位球面 S^2 内の滑らかな曲線がえられる．これを空間曲線 α の **接線標形** という．

α の s における曲率を $\kappa(s)$ とすると，定義 12.1 より

$$\kappa(s) = \|\alpha''(s)\|, \quad s \in I$$

であるから，空間曲線 α の曲率 $\kappa(s)$ は α の接線標形 $\alpha' : I \to S^2 \subset \boldsymbol{R}^3$ の $s \in I$ における接ベクトル $(\alpha')'(s)$ の長さに他ならない．

定義 14.1. 弧長でパラメーター表示された正則な空間曲線 $\alpha : I = [0,l] \to \boldsymbol{R}^3$ に対し，

$$K(\alpha) = \int_0^l \kappa(s) ds$$

を α の **全曲率** という．

定義より，空間曲線 α の全曲率 $K(\alpha)$ は，α の接線標形 α' を単位球面 S^2 内の曲線とみなしたときの，曲線 α' の長さをあらわしていることになる．そこでま

§14. 全 曲 率

ず，空間曲線の全曲率を調べるための準備として，単位球面 $S^2 \subset \mathbf{R}^3$ 内の曲線の性質について考えよう．

一般に，単位球面 S^2 に対して，その中心 $0 \in \mathbf{R}^3$ を通る1つの直線と S^2 の交わりとしてえられる2点を S^2 上の**対心点**といい，$0 \in \mathbf{R}^3$ を通る1つの平面と S^2 の交わりとしてえられる円周を S^2 上の**大円**という．対心点でない相異なる任意の2点 $A, B \in S^2$ に対して，A, B と $0 \in \mathbf{R}^3$ を通る平面と S^2 の交わりとして A, B を通る大円が一意的に定まる．この大円は A, B により2つの円弧に分けられるが，そのうち長さの短い方を A, B を結ぶ大円弧とよび，その長さを $\stackrel{\frown}{AB}$ であらわす．A, B を結ぶ大円弧は，球面上の2点 A, B を結ぶ球面内の滑らかな曲線のなかで長さが最も短い曲線（最短線）であることが知られている（章末の問題 16 参照）．したがってその長さ $\stackrel{\frown}{AB}$ は，点 A, B の球面上での距離をあたえていると考えることができる．

$A, B \in S^2$ が対心点のときは，A, B を通る大円は無数に存在するので一意的には定まらない．また A, B はそれぞれの大円を長さが π の2つの半大円弧に2等分する．この場合，A, B を結ぶ半大円弧は（一意的に定まるわけではないが），点 A, B を結ぶ球面内の滑らかな曲線の中で長さが最も短い曲線であり，その長さ $\stackrel{\frown}{AB} = \pi$ は点 A, B の球面上での距離をあたえることになる．

S^2 の点 $N \in S^2$ に対し，

$$S^2_+ = \left\{ X \in S^2 \mid \stackrel{\frown}{NX} < \pi/2 \right\}$$

で定義される S^2 上の開集合 S^2_+ を N を極とする**開半球**という．S^2 上の点 $N \in S^2$ に対応する単位ベクトルを $\boldsymbol{n}$ であらわすとき，$\boldsymbol{n}$ を極とする開半球 S^2_+ は

$$S^2_+ = \left\{ \boldsymbol{x} \in S^2 \mid \langle \boldsymbol{n}, \boldsymbol{x} \rangle > 0 \right\}$$

であたえられる．同様に

$$\left\{ X \in S^2 \mid \stackrel{\frown}{NX} \leq \pi/2 \right\} = \left\{ \boldsymbol{x} \in S^2 \mid \langle \boldsymbol{n}, \boldsymbol{x} \rangle \geq 0 \right\}$$

で定義される S^2 上の閉集合を N を極とする**閉半球**という．

弧長でパラメーター表示された正則な空間曲線 $\alpha : I = [0, l] \to \mathbf{R}^3$ がとくに閉曲線ならば，定義（§9 参照）より，α の接線標形 $\alpha' : I = [0, l] \to S^2 \subset \mathbf{R}^3$ は S^2 内の滑らかな閉曲線となる．このとき次がわかる．

補題 14.1. $\alpha : I = [0, l] \to \mathbf{R}^3$ を弧長でパラメーター表示された正則な閉曲線とするとき，α の接線標形 $\alpha' : I = [0, l] \to S^2 \subset \mathbf{R}^3$ に対して次がなりたつ．

(1) α' の像 $\alpha'(I)$ は S^2 のどの開半球にも含まれない．

(2) α' の像 $\alpha'(I)$ が S^2 の閉半球に含まれるのは，$\alpha'(I)$ がその閉半球の境界の大円に含まれる場合に限る．

証明 (1) α の接線標形 $\alpha' : I \to S^2 \subset \mathbf{R}^3$ の像 $\alpha'(I)$ が，$\boldsymbol{a} \in S^2$ を極とする開半球 S^2_+ に含まれたとすると，任意の $s \in I$ について $\langle \boldsymbol{a}, \alpha'(s) \rangle > 0$ がなりたつ．したがって

$$0 < \int_0^l \langle \boldsymbol{a}, \alpha'(s) \rangle ds = \int_0^l \langle \boldsymbol{a}, \alpha(s) \rangle' ds$$
$$= \langle \boldsymbol{a}, \alpha(l) \rangle - \langle \boldsymbol{a}, \alpha(0) \rangle = 0$$

をえるが，これは矛盾．よって $\alpha'(I)$ はどの開半球にも含まれない．

(2) (1)と同様に，$\alpha'(I)$ が $\boldsymbol{a} \in S^2$ を極とする閉半球に含まれたとすると，任意の $s \in I$ について $\langle \boldsymbol{a}, \alpha'(s) \rangle \geq 0$ がなりたつから，

$$0 \leq \int_0^l \langle \boldsymbol{a}, \alpha'(s) \rangle ds = \int_0^l \langle \boldsymbol{a}, \alpha(s) \rangle' ds = 0$$

をえる．したがって，各 $s \in I$ について $\langle \boldsymbol{a}, \alpha'(s) \rangle = 0$ となり，$\alpha'(I)$ はこの閉半球の境界の大円に含まれることがわかる． □

弧長でパラメーター表示された正則な空間曲線 $\alpha : I \to \mathbf{R}^3$ の接線標形 $\alpha' : I \to S^2 \subset \mathbf{R}^3$ は，単位球面 S^2 内の滑らかな曲線となるが，α の曲率 $\kappa(s)$ が 0 となる $s \in I$ においては α' の接ベクトル $(\alpha')'(s)$ が 0 となるので，正則な曲線となるとは限らない．したがってまた，接線標形 α' の像 $\alpha'(I)$ は S^2 上で，例えば例 7.3 でみたような尖った点などをもつ可能性があることに注意しよう．

一般に，単位球面 S^2 内の（正則とは限らない）滑らかな曲線に対して，次がなりたつことがわかる．

命題 14.1. $\beta : I \to S^2 \subset \mathbf{R}^3$ を S^2 内の滑らかな曲線とする．このとき，次の (1), (2) のいずれかがなりたつならば，β の像 $\beta(I)$ は S^2 のある開半球 S^2_+ に含まれる．

(1) β の長さを l とするとき，$l < 2\pi$ である．

(2) $l = 2\pi$ であるが，β の像 $\beta(I)$ は S^2 上の 2 つの半大円弧の和集合ではない．

証明 (1) $l < 2\pi$ と仮定し，$\beta(I)$ 上の点 A, B を β を両分するようにとる．すなわち，A, B により β は長さがともに $l/2$ である 2 つの部分曲線に分割されているとする．単位球面 S^2 上で A, B を結ぶ大円弧（または半大円弧）は点 A, B を結ぶ球面上の最短線であるから，仮定よりその長さ $\widehat{AB}$ について $\widehat{AB} \leq l/2 < \pi$ がなりたつ．したがって，A, B は S^2 の対心点ではなく，点 A, B を結ぶ大円弧が一意的に定まる．この大円弧の中点を M とし，β の像 $\beta(I)$ は M を極とする開半球 S^2_+ に含まれる，すなわち任意の $X \in \beta(I)$ について $\widehat{XM} < \pi/2$ となることを確かめよう．

そのためにまず，点 $C \in \beta(I)$ について $\widehat{CM} < \pi/2$ がなりたてば，実は $\widehat{CM} \leq l/4 < \pi/2$ となることをみる．そこで，点 C に対して M に関して対称な位置にある点 $D \in S^2$ をとる．すなわち，D は C, M を通る大円上で $D \neq C$ かつ $\widehat{CM} = \widehat{MD}$ となる点である（図 40 参照）．ここで，$\widehat{CM} < \pi/2$ であるから，$\widehat{CD} = \widehat{CM} + \widehat{MD}$ がなりたち，かつ球面 S^2 上で大円弧を 3 辺とする球面 3 角形 AMC と BMD は合同となるから，$\widehat{AC} = \widehat{BD}$ となる．したがって，球面上の距離に関する三角不等式より，

$$2\widehat{CM} = \widehat{CM} + \widehat{MD} = \widehat{CD} \leq \widehat{CB} + \widehat{BD} = \widehat{CB} + \widehat{AC}$$

をえる．しかるに，$\widehat{CB} + \widehat{AC}$ は点 A と C および C と B を結ぶ最短線の長さの和であるから，点 A と C と B を通る曲線 β のこの部分の長さ，すなわち $l/2$ よりも小さいか等しい．よって $2\widehat{CM} \leq l/2$，すなわち $\widehat{CM} \leq l/4$ をえる．

さて，点 $X \in \beta(I)$ と M との球面上での距離を $f(X) = \widehat{XM}$ とおくと，$f(A) \leq l/4$ であり，また上のことから $f(X) \leq l/4 < \pi/2$ または $f(X) \geq \pi/2$ となることがわかる．一方，容易にわかるように $f(X)$ は $\beta(I)$ 上の連続関数であり，定義域 $\beta(I)$ が連結であるから，$f(X)$ の値域は開区間 $(0, \pi)$ 内の連結集合となる．よって，つねに $f(X) \leq l/4 < \pi/2$ となることがわかる．これが確かめるべきことであった．

図 40

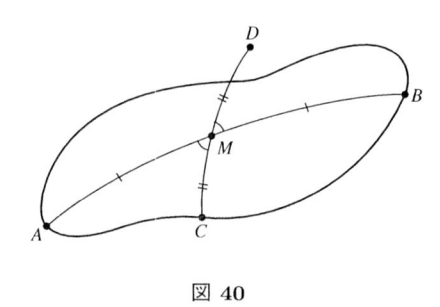

　(2) $l = 2\pi$ と仮定する．まず，$\beta(I)$ 上に S^2 の対心点があらわれないことを確かめよう．実際，点 $P, Q \in \beta(I)$ が S^2 の対心点ならば，$\widehat{PQ} = \pi$ であるから，P, Q は曲線 β を少なくとも長さが π 以上の 2 つの部分曲線に分割することになる．仮定より $l = 2\pi$ であるから，この 2 つの部分曲線はともに長さが π でなければならず，結局それぞれが P, Q を結ぶ半大円弧であることがわかる．したがって $\beta(I)$ は 2 つの半大円弧の和集合となるが，これは仮定に矛盾．よって，$\beta(I)$ 上に S^2 の対心点はあらわれないことがわかる．

　次に，$\beta(I)$ 上の点 A, B を β を両分するだけでなく，任意の $F \in \beta(I)$ について $\widehat{AF} + \widehat{FB} < \pi$ となるようにとれることを確かめよう．そこでまず，β を両分する 2 点 $P, Q \in \beta(I)$ を任意にとる．P, Q が求める点であれば証明は終わるから，そうでない場合を考えればよい．この場合，仮定より $\beta(I)$ 上に $\widehat{PX} + \widehat{XQ} = \pi$ となる点 $X \in \beta(I)$ をとることができる．一方，曲線 β の点 P と X と Q を通る部分の長さも π であるから，P から X までの β の部分曲線と X から Q までの β の部分曲線はともにその像が大円弧となっていることがわかる．P, Q は S^2 の対心点ではないので，この 2 つの部分曲線は 1 つの大円に含まれないことに注意しよう（図 41 参照）．

　したがって，P, X を通る大円は β の像 $\beta(I)$ の部分として X を越えて含まれることはないが，P を越えて含まれる可能性がある．そこで，$C \in \beta(I)$ を P, X を通る大円が C を越えては $\beta(I)$ の部分として含まれなくなる点とし，同様に X, Q を通る大円についても，$D \in \beta(I)$ を X, Q を通る大円が D を越えては $\beta(I)$ の部分として含まれなくなる点とする．C, X および X, D が S^2 の対心点になることはないので，$\widehat{CX} < \pi$ かつ $\widehat{XD} < \pi$ であることに注意．ここで，点 $Y \in \beta(I)$ を

§14. 全曲率

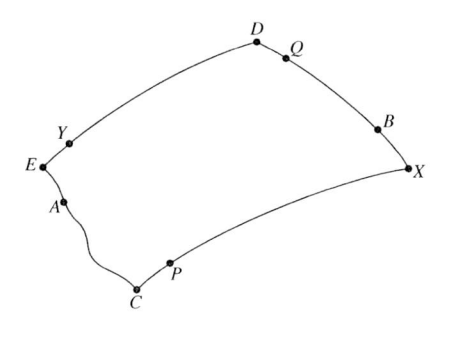

図 41

X, Y が β を両分するようにとる. X, Y が求める点であれば証明は終わるから, そうでない場合を考える. この場合, 仮定より $\beta(I)$ 上に $\widehat{XR} + \widehat{RY} = \pi$ となる点がとれ, 先程と同様にして, 曲線 β の点 X と R と Y を通る部分の像は 2 つの大円弧の和集合となることがわかる. したがって, $R = C$ か $R = D$ でなければならないが, 一般性を失うことなく $R = D$ と仮定してよい. このとき, D, Y を通る大円は $\beta(I)$ の部分として D を越えて含まれることはないが, Y を越えて含まれる可能性がある. そこで, $E \in \beta(I)$ を D, Y を通る大円が E を越えては $\beta(I)$ の部分として含まれなくなる点とする.

もし $E = C$ であれば, $\beta(I)$ は S^2 上の大円弧を 3 辺とする球面 3 角形で, その 3 辺の長さの和は 2π となる. このとき, 図 42 から容易にわかるように, S^2 の中心 $0 \in \boldsymbol{R}^3$ と点 X, C, D で定まる 3 つの平面が 0 においてなす 3 つの角度の和は 2π となるから, X, C, D は 0 を通る 1 つの平面上に位置することがわかる. したがって $\beta(I)$ は大円となるが, これは仮定に矛盾. よって $E \neq C$ でなければならない.

さて, $A \in \beta(I)$ を点 C と E の間にとり, $B \in \beta(I)$ を A, B が β を両分するようにとろう. X, Y および P, Q はともに β を両分する点であるから, B は X と Q の間に位置しなければならない. したがって, $\beta(I)$ 上の点 F をどのようにとっても, 曲線 β の点 A と F と B を通る部分の像は点 C, X か D, E の組を必ず含むので, ちょうど 2 つの大円弧の和集合となることはない. よって $\widehat{AF} + \widehat{FB} < \pi$ でなければならない. すなわち, この $A, B \in \beta(I)$ が求める点である.

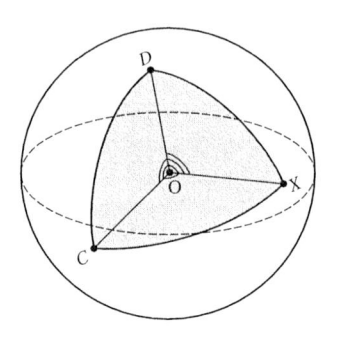

図 42

A, B の取り方より，これらは S^2 の対心点ではないので，A, B を結ぶ大円弧が一意的に定まる．この大円弧の中点を M とする．$\widehat{AB} < \pi$ であることに注意．ここで，点 $C \in \beta(I)$ について $\widehat{CM} \leq \pi/2$ であるとすると，(1) の場合と同様にして，C に対して M に関して対称な位置にある点 $D \in S^2$ をとれば，

$$2\widehat{CM} = \widehat{CM} + \widehat{MD} = \widehat{CD} \leq \widehat{CB} + \widehat{BD} = \widehat{CB} + \widehat{AC} < \pi$$

をえるから，$\widehat{CM} < \pi/2$ となることがわかる．

したがって，点 $X \in \beta(I)$ と M との球面上での距離 $f(X) = \widehat{XM}$ は $f(X) \neq \pi/2$ となることがわかる．よって，$f(A) < \pi/2$ であることと $f(X)$ の値域の連結性から，つねに $f(X) < \pi/2$ となることがわかり，$\beta(I)$ は M を極とする開半球 S^2_+ に含まれることが導かれる． □

補題 14.1 と命題 14.1 から，1929 年にフェンヘル（W. Fenchel）によって証明された次の定理を証明することができる．

定理 14.1. $\alpha : I = [0, l] \to \mathbf{R}^3$ を弧長でパラメーター表示された正則な単純閉曲線とする．このとき α の全曲率 $K(\alpha)$ は 2π 以上，すなわち

$$K(\alpha) \geq 2\pi$$

であり，等号がなりたつのは α の像が $\mathbf{R}^3$ 内のある平面に含まれ，α がこの平面上の凸閉曲線となる場合に限る．

証明 α の全曲率 $K(\alpha)$ は，α の接線標形 $\alpha': I = [0,l] \to S^2 \subset \boldsymbol{R}^3$ を単位球面 S^2 内の曲線とみなしたときの，曲線 α' の長さに他ならない．したがって，もし $K(\alpha) < 2\pi$ ならば，命題 14.1 より α' の像は S^2 のある開半球 S_+^2 に含まれることになるが，これは補題 14.1 (1) に矛盾．よって $K(\alpha) \geq 2\pi$ でなければならない．

$K(\alpha) = 2\pi$ であるとすると，補題 14.1 (1) と命題 14.1 (2) より，α' の像 $\alpha'(I)$ は S^2 上の 2 つの半大円弧の和集合となることがわかる．このとき，$\alpha'(I)$ は S^2 のある閉半球に含まれるが，$\alpha'(I)$ が S^2 上の 1 つの大円でなければ，補題 14.1 (2) に矛盾する．したがって，$\alpha'(I)$ は S^2 上の 1 つの大円となる．よって，α の像 $\alpha(I)$ は $\boldsymbol{R}^3$ のある平面に含まれることがわかる（章末の問題 17 参照）．

$\boldsymbol{R}^3$ の運動により，この平面を $z = 0$ で定義される xy 平面に移しても弧長や曲率は変わらないから，以下 α は弧長でパラメーター表示された平面曲線 $\alpha : I = [0,l] \to \boldsymbol{R}^2$ として議論しよう．このとき，定義より α の空間曲線としての曲率は平面曲線としての曲率 $\kappa(s)$ の絶対値 $|\kappa(s)|$ に他ならない．したがって，仮定より

$$K(\alpha) = \int_0^l |\kappa(s)| ds = 2\pi$$

がなりたつ．一方，α の接線標形 $\alpha' : I = [0,l] \to S^1 \subset \boldsymbol{R}^2$ の像は S^1 と一致するが，α' の回転角を $\theta(s)$ とするとき，命題 9.1 より $\kappa(s) = \theta'(s)$ であるから，曲率 $\kappa(s)$ が正負両方の符号をもてば，接線標形 α' の像は S^1 上のある円弧を 2 度以上動くことになるので，

$$\alpha' \text{の長さ} = \int_0^l |\kappa(s)| ds > 2\pi$$

となり，これは矛盾．よって α の曲率 $\kappa(s)$ は符号を変えない．したがって定理 10.1 より，α は凸閉曲線であることがわかる． □

定理 14.1 の応用として，たとえば次がわかる．

例題 14.1. $\alpha : I = [0,l] \to \boldsymbol{R}^3$ を弧長でパラメーター表示された正則な単純閉曲線とし，α の曲率 $\kappa(s)$ はある定数 $R > 0$ に対してつねに $0 \leq \kappa(s) \leq 1/R$

をみたすとする.このとき α の長さ l について

$$l \geq 2\pi R$$

がなりたち,$l = 2\pi R$ となるのは α が平面上の半径 R の円周に含まれる場合に限る.

解 仮定より $0 \leq R\kappa(s) \leq 1$ であるから,定理 14.1 より

$$l = \int_0^l ds \geq \int_0^l R\kappa(s)ds = R\int_0^l \kappa(s)ds = RK(\alpha) \geq 2\pi R$$

をえる.ここで,$l = 2\pi R$ ならば,第 2 の不等式で等号がなりたつことより,まず $K(\alpha) = 2\pi$ をえる.したがって定理 14.1 より,α は $\boldsymbol{R}^3$ 内のある平面上の凸閉曲線となることがわかる.さらに第 1 の不等式で等号がなりたつことから,任意の $s \in I$ に対して $R\kappa(s) = 1$,すなわち $\kappa(s) = 1/R$ となることをえる.これより,必要ならば α の向きを変えることにより,α の平面曲線としての曲率はつねに $1/R$ となることがわかる.よって例題 8.1 より,α の像 $\alpha(I)$ はこの平面上の半径 R の円周に含まれることがわかる. □

単位球面 S^2 上の大円 ω に対し,ω にパラメーター表示をあたえ向きを考えたものを S^2 上の**向きづけられた大円**という.S^2 上の向きづけられた大円 ω に対し,ω をパラメーター表示の向きに辿るとき,その左側にあらわれる閉半球の極 $W \in S^2$ が一意的に定まる.逆に,S^2 の各点 $W \in S^2$ に対し,W を極とする閉半球の境界として,W が左側にあらわれるように向きづけられた大円が一意的に定まる(図 43 参照).したがって,S^2 上の向きづけられた大円 ω と S^2 の点 W が 1 対 1 に対応することになる.

S^2 上の向きづけられた大円のなす集合 $\mathcal{S}$ に対し,対応する S^2 の点からなる S^2 の部分集合の面積を $\mathcal{S}$ の**測度**という.ある大円を $\mathcal{S}$ の元として重複して数えるときには,対応する S^2 の点も重複して数えることにし,$\mathcal{S}$ の測度は重複度も含めて測ることとする.

S^2 の点 $W \in S^2$ に対し,対応する S^2 上の向きづけられた大円を $W^\perp$ であらわそう.S^2 内の滑らかな曲線 $\beta: I \to S^2 \subset \boldsymbol{R}^3$ に対し,$\beta(I) \cap W^\perp$ の濃度,す

§14. 全 曲 率

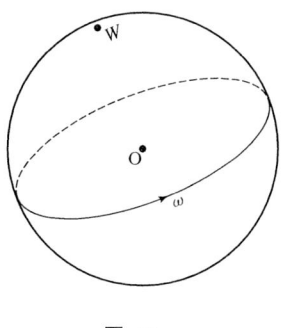

図 43

なわち β の像と $W^\perp$ の交点の個数（無限個の場合もある）を $n(W)$ であらわす．$n(W)$ は曲線 β のパラメーター表示の選び方によらずに定まることに注意しよう．このとき次がなりたつ．

定理 14.2. (クロフトンの公式)　$\beta: I \to S^2 \subset \boldsymbol{R}^3$ を単位球面 S^2 内の正則な曲線とし，その長さを l とする．β の像 $\beta(I)$ と交わる S^2 上の向きづけられた大円を $\beta(I)$ との交点の数だけ重複して数えるとき，このような大円全体のなす集合の重複度を含めて測った測度は $4l$ に等しい．

証明　$n(W)$ や l は曲線 β のパラメーター表示の選び方によらずに定まる量であるから，β は弧長でパラメーター表示されているとしても一般性を失わない．

$$\mathcal{S} = \{W \in S^2 \mid W^\perp \cap \beta(I) \neq \emptyset\}$$

とおくとき，$W^\perp$ と $\beta(I)$ の交点の数だけ重複して数えるときの集合 $\mathcal{S}$ の重複度を含めて測った測度は S^2 上の曲面積分

$$\int_\mathcal{S} n(W) dA$$

であたえられる．したがって

$$\int_\mathcal{S} n(W) dA = 4l$$

となることを示せばよい．

$\boldsymbol{a}(s) = \beta(s)$, $\boldsymbol{b}(s) = \beta'(s)$, $\boldsymbol{c}(s) = \boldsymbol{a}(s) \times \boldsymbol{b}(s)$ とおく．各 $s \in I = [0, l]$ に対して $\{\boldsymbol{a}(s), \boldsymbol{b}(s), \boldsymbol{c}(s)\}$ は $\boldsymbol{R}^3$ の正の向きの正規直交基底となるから，§12 でフレネ・セレーの公式を導いたときと同様の議論により，I 上で定義された C^∞ 級関数 $\lambda(s)$ が存在して

(14.1)
$$\begin{cases} \boldsymbol{a}'(s) = \boldsymbol{b}(s), \\ \boldsymbol{b}'(s) = -\boldsymbol{a}(s) + \lambda(s)\boldsymbol{c}(s), \\ \boldsymbol{c}'(s) = -\lambda(s)\boldsymbol{b}(s) \end{cases}$$

とあらわされることがわかる（章末の問題 14 参照）．

一方，$W^\perp$ と $\beta(I)$ が S^2 上の点 $\beta(s_0)$ で交わるとすると，向きづけられた大円 $W^\perp$ から一意的に定まる極 $W \in S^2$ に対応する単位ベクトル $\boldsymbol{w}$ は $\beta(s_0) = \boldsymbol{a}(s_0)$ と直交する．したがって，点 $\beta(s_0)$ において大円 $W^\perp$ の接ベクトルと曲線 β の接ベクトル $\boldsymbol{b}(s_0)$ のなす角度を θ とするとき，$\boldsymbol{w}$ は

$$\boldsymbol{w} = \sin\theta \, \boldsymbol{b}(s_0) + \cos\theta \, \boldsymbol{c}(s_0)$$

とあらわされる．

そこで，写像 $\boldsymbol{w} : [0, l] \times [0, 2\pi) \to S^2$ を

(14.2) $\quad \boldsymbol{w}(s, \theta) = \sin\theta \, \boldsymbol{b}(s) + \cos\theta \, \boldsymbol{c}(s), \quad (s, \theta) \in [0, l] \times [0, 2\pi)$

で定義しよう．定義より容易にわかるように

$$\boldsymbol{w}([0, l] \times [0, 2\pi)) = \mathcal{S}$$

であり，$W \in \mathcal{S}$ に対して W の逆像 $\boldsymbol{w}^{-1}(W)$ はちょうど $n(W)$ 個の点を含む．したがって，曲面積分の変数変換の公式より

(14.3) $\quad \displaystyle\int_{\mathcal{S}} n(W) dA = \int_0^{2\pi} \int_0^l \left\| \frac{\partial \boldsymbol{w}}{\partial s} \times \frac{\partial \boldsymbol{w}}{\partial \theta} \right\| ds d\theta$

がなりたつ．ここで，(14.1) と (14.2) より

(14.4) $\quad \displaystyle \left\| \frac{\partial \boldsymbol{w}}{\partial s} \times \frac{\partial \boldsymbol{w}}{\partial \theta} \right\| = |\sin\theta|$

をえるから，結局

$$\int_{\mathcal{S}} n(W) dA = \int_0^{2\pi} \int_0^l |\sin\theta| ds d\theta = l \int_0^{2\pi} |\sin\theta| d\theta$$
$$= 4l \int_0^{\pi/2} \sin\theta = 4l$$

となる． □

問 14.1. (14.1), (14.3) および (14.4) を証明せよ．

問 14.2. 単位球面 S^2 内の正則な曲線 $\beta : [0, 2\pi] \to S^2 \subset \boldsymbol{R}^3$ を

$$\beta(s) = (\cos s, \sin s, 0), \quad s \in [0, 2\pi]$$

で定義するとき，β に対してクロフトンの公式がなりたつことを確かめよ．

系 14.1. クロフトンの公式は，単位球面 S^2 内の区分的に正則な曲線 $\beta : I \to S^2 \subset \boldsymbol{R}^3$ に対してもなりたつ．

証明 定理 14.2 を正則な各部分曲線に対して適用し，その結果を足し合わせればよい． □

$\alpha : I \to \boldsymbol{R}^3$ を単純閉曲線とし，

$$D^2 = \{(x, y) \in \boldsymbol{R}^2 \mid x^2 + y^2 \leq 1\}$$

を $\boldsymbol{R}^2$ 内の単位閉円板とする．D^2 の境界は単位円周 S^1 に他ならない．α に対して，D^2 から $\boldsymbol{R}^3$ への単射な連続写像 $f : D^2 \to \boldsymbol{R}^3$ が存在して $f(S^1) = \alpha(I)$ となるとき，単純閉曲線 α は**結ばれていない**といい，そうでないとき**結ばれている**という．たとえば，図 44 の左の曲線は結ばれていないが，右の曲線は**三葉結び糸**とよばれ，結ばれている単純閉曲線の典型的な例である．

クロフトンの公式を利用して，1949 年にファリ (I. Fary) とミルナー (J. Milnor) によって証明された次の定理を証明しよう．

定理 14.3. 正則な単純閉曲線 $\alpha : I \to \boldsymbol{R}^3$ が結ばれているならば，α の全曲率 $K(\alpha)$ は少なくとも 4π である．

図 44

　証明 α の全曲率 $K(\alpha)$ について $K(\alpha) < 4\pi$ ならば，α は結ばれていないことを確かめればよい．α の接線標形 $\alpha' : I \to S^2 \subset \boldsymbol{R}^2$ は単位球面 S^2 への区分的に正則な曲線となるので，系 14.1 より

$$\frac{1}{4}\int_{S^2} n(W)dA = \alpha' \text{ の長さ}$$

がなりたつ．ここで，α' の長さは α の全曲率 $K(\alpha)$ に他ならないから，仮定より

(14.5) $$\frac{1}{4}\int_{S^2} n(W)dA = K(\alpha) < 4\pi$$

でなければならない．したがって，S^2 上のある点 $Y \in S^2$ において $n(Y) < 4$ でなければならない．実際，このような点が存在しなければ，S^2 の面積は 4π だから

$$\frac{1}{4}\int_{S^2} n(W)dA \geq \frac{1}{4} 4 \cdot 4\pi = 4\pi$$

となり，(14.5) に矛盾することになる．

　そこで，$Y \in S^2$ に対応する単位ベクトルを $\boldsymbol{y}$ とし，$f(s) = \langle \boldsymbol{y}, \alpha(s) \rangle$ で定義される C^∞ 級関数 $f : I \to \boldsymbol{R}$ を考えると

$$f'(s) = \langle \boldsymbol{y}, \alpha'(s) \rangle$$

であるから，$f'(s) = 0$ となるのは，Y に対応して定まる S^2 上の向きづけられた大円 $Y^\perp$ と α' の像 $\alpha'(I)$ が点 $\alpha'(s) \in S^2$ において交わるときに限ることがわかる．したがって，$n(Y) < 4$ より，$f(s)$ は高々 3 点でしか $f'(s) = 0$ となりえないことがわかる．f は有界閉区間 I 上の C^∞ 級関数であるから，最大値と最小値を

とる．一方，極大値と極小値はつねに対をなしてあらわれるので，結局 f は最大値と最小値以外に極値をもたないことがわかる．($n(Y) = 3$ のとき，第 3 の点は f の変曲点ということになる．）

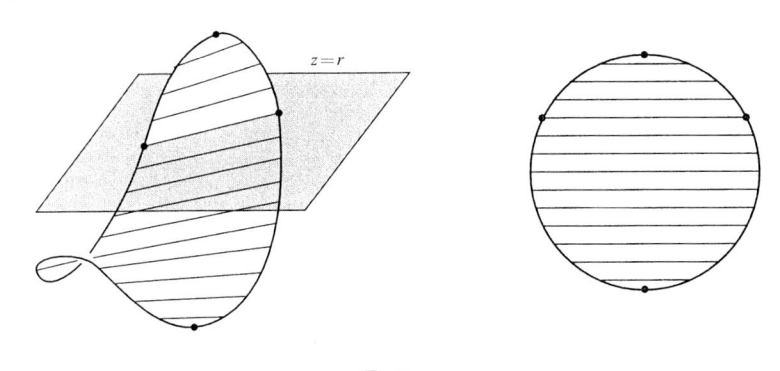

図 45

$\mathbf{R}^3$ の運動により $f(s)$ や $n(Y)$ の値は変わらないから，以下簡単のために $\mathbf{y} = (0, 0, 1)$ として議論しよう．f の最大値と最小値をそれぞれ M および m とし，$m < r < M$ なる各 r に対して $z = r$ で定義される平面を考えると，これらの平面は α の像 $\alpha(I)$ と各々ちょうど 2 点で交わることがわかる．実際，もしそうでなければ，たとえば平均値の定理から f は最大値と最小値以外の極値をもつことになり，仮定に矛盾する．そこで，これらの 2 点をそれぞれ線分で結ぶと，図 45 から容易にわかるように，単射な連続写像 $f : D^2 \to \mathbf{R}^3$ で $f(S^1) = \alpha(I)$ となるものが構成できることになる．したがって，α は結ばれていないことがわかる． □

問 14.3. このような単射な連続写像 $f : D^2 \to \mathbf{R}^3$ を構成してみよ．

問　題　2

1. 写像 $\alpha : \mathbf{R} \to \mathbf{R}^2$ を
$$\alpha(t) = \begin{cases} (e^{-1/t^2}, e^{-1/t^2}), & t > 0 \\ (0, 0), & t = 0 \\ (-e^{-1/t^2}, e^{-1/t^2}), & t < 0 \end{cases}$$

で定義するとき，次を証明せよ．

(1) α は滑らかな平面曲線であり，その像は関数 $y = |x|$ のグラフと一致するが，正則な曲線ではない．

(2) 関数 $y = |x|$ のグラフに対して，正則で滑らかな平面曲線となるパラメーター表示は存在しない．

2. $\alpha : [a, b] \to \boldsymbol{R}^2$ を滑らかな平面曲線とし，$\alpha(a) = p$, $\alpha(b) = q$ とおく．このとき次を証明せよ．

(1) 任意の定ベクトル $v \in \boldsymbol{R}^2$, $\|v\| = 1$ に対して

$$\langle q - p, v \rangle = \int_a^b \langle \alpha'(t), v \rangle dt \leq \int_a^b \|\alpha'(t)\| dt$$

がなりたつ．

(2) 点 p と q を結ぶ曲線で長さが最小のものは，この 2 点を結ぶ線分である．すなわち

$$\|q - p\| \leq \int_a^b \|\alpha'(t)\| dt$$

がなりたつ．

3. $\alpha : I \to \boldsymbol{R}^2$ を閉区間 I 上で定義された正則な平面曲線とし，弧長 s とは限らない一般のパラメーター t をもちいて

$$\alpha(t) = (x(t), y(t)), \quad t \in I$$

とあらわされているとする．このとき次を証明せよ．

(1) 点 $\alpha(t)$ における α のフレネ標構は

$$\boldsymbol{e}_1(t) = \frac{(x'(t), y'(t))}{\sqrt{x'(t)^2 + y'(t)^2}}, \quad \boldsymbol{e}_2(t) = \frac{(-y'(t), x'(t))}{\sqrt{x'(t)^2 + y'(t)^2}}$$

であたえられる．

(2) 曲線 α の t における曲率 $\kappa(t)$ は

$$\kappa(t) = \frac{|\alpha'(t)\ \alpha''(t)|}{\|\alpha'(t)\|^3} = \frac{x'(t)y''(t) - x''(t)y'(t)}{(x'(t)^2 + y'(t)^2)^{3/2}}$$

であたえられる．したがって，とくに $x'(t) \neq 0$ ならば

$$\kappa(t) = \frac{1}{\|\alpha'(t)\|} \left[\arctan \frac{y'(t)}{x'(t)} \right]'$$

となる．

4. C^∞ 級関数 $\kappa : I = [0, l] \to \boldsymbol{R}$ に対して,滑らかな曲線 $\alpha : I \to \boldsymbol{R}^2$ を
$$\alpha(s) = \left(\int_0^s \cos \theta(t) dt + c_1, \int_0^s \sin \theta(t) dt + c_2 \right)$$
で定義するとき,α は s を弧長,κ を曲率とする正則な平面曲線となることを証明せよ.ただし,θ は
$$\theta(t) = \int_0^t \kappa(u) du + \theta_0$$
で定義される関数であり,θ_0, c_1, c_2 は任意の定数である.

5. 正則な平面曲線 $\alpha : I \to \boldsymbol{R}^2$ が凸閉曲線ならば,α は単純閉曲線となることを証明せよ.

6. 平面内の部分集合 $\mathcal{R} \subset \boldsymbol{R}^2$ が**凸集合**であるとは,任意の $t \in [0, 1]$ に対して,$x, y \in \mathcal{R}$ ならば $tx + (1-t)y \in \mathcal{R}$ がなりたつときをいう.$\alpha : I \to \boldsymbol{R}^2$ を正則な単純閉曲線とするとき,α が凸閉曲線であることと,α によって囲まれる領域が凸集合となることは同値であることを証明せよ.

7. 正則な空間曲線 $\alpha : I \to \boldsymbol{R}^3$ の像が $\boldsymbol{R}^3$ 内の直線に含まれるための必要十分条件は,α の任意の点における接線がある定点 $p_0 \in \boldsymbol{R}^3$ を通ることであることを証明せよ.

8. $\alpha : I \to \boldsymbol{R}^3$ を弧長でパラメーター表示された正則な空間曲線とし,α の曲率 $\kappa(s)$ はつねに正であるとする.このとき次を証明せよ.

(1) $\boldsymbol{R}^3$ 内の平面 P が点 $\alpha(s)$ における α の接線を含み,$\alpha(I)$ の点が $\alpha(s)$ のまわりでつねに P の両側に存在するならば,P は $\alpha(s)$ における α の接触平面である.

(2) $\alpha(s)$ における α の接触平面は,$\boldsymbol{R}^3$ 内の 3 点 $\alpha(s), \alpha(s+h_1), \alpha(s+h_2)$ を通る平面の $h_1, h_2 \to 0$ としたときの極限の位置としてえられる平面に他ならない.

9. $\alpha : I \to \boldsymbol{R}^3$ を弧長でパラメーター表示された正則な空間曲線とし,α の曲率 $\kappa(s)$ と捩率 $\tau(s)$ はともに 0 でなく,かつ $\kappa'(s) \neq 0$ とする.このとき,ある定数 $r > 0$ が存在して α の曲率半径 $\rho(s)$ と捩率半径 $\sigma(s)$ についてつねに
$$\rho^2(s) + (\rho' \sigma)^2(s) = r^2, \quad s \in I$$
がなりたつならば,α の像は $\boldsymbol{R}^3$ 内の半径 r の球面に含まれることを証明せよ.

10. $\alpha : I \to \boldsymbol{R}^3$ を弧長とは限らない一般のパラメーター t で表示された正則な空間曲線とする.このとき,α の t における曲率 $\kappa(t)$ は
$$\kappa(t) = \frac{\|\alpha'(t) \times \alpha''(t)\|}{\|\alpha'(t)\|^3}, \quad t \in I$$
で定義され,$\kappa(t) \neq 0$ ならば,α の t における捩率 $\tau(t)$ が
$$\tau(t) = \frac{|\alpha'(t) \; \alpha''(t) \; \alpha'''(t)|}{\|\alpha'(t) \times \alpha''(t)\|^2}, \quad t \in I$$

で定義されることを証明せよ．ここで

$$|\alpha'(t)\ \alpha''(t)\ \alpha'''(t)| = \langle \alpha'(t) \times \alpha''(t), \alpha'''(t) \rangle$$

である．

11.（楕円的螺旋）$a, b, c > 0$ に対して

$$\alpha(t) = (a\cos t, b\sin t, ct), \quad t \in \mathbf{R}$$

で定義される正則な空間曲線 $\alpha : \mathbf{R} \to \mathbf{R}^3$ の曲率 $\kappa(t)$ と捩率 $\tau(t)$ を求めよ．

12. 写像 $\alpha : \mathbf{R} \to \mathbf{R}^3$ を

$$\alpha(t) = \begin{cases} (t, 0, e^{-1/t^2}), & t > 0 \\ (t, e^{-1/t^2}, 0), & t < 0 \\ (0, 0, 0), & t = 0 \end{cases}$$

で定義するとき，次を証明せよ．

 (1) α は正則な空間曲線である．

 (2) $t \neq 0$ および $t \neq \pm\sqrt{2/3}$ のとき，α の t における曲率 $\kappa(t)$ は正であり，かつ $\kappa(0) = 0$ である．

 (3) $t \neq 0$ のとき，α の t における捩率 $\tau(t)$ はつねに 0 である．

13. $\alpha : I \to \mathbf{R}^3$ を弧長でパラメーター表示された正則な空間曲線とし，α の曲率 $\kappa(s)$ はつねに正であるとする．このとき，$s_0 \in I$ において $\alpha(s)$ をテイラー展開すると，3 次の項までは

$$\begin{aligned}
\alpha(s) =\ & \alpha(s_0) + (s - s_0)\boldsymbol{e}_1(s_0) + \frac{(s - s_0)^2}{2}\kappa(s_0)\boldsymbol{e}_2(s_0) \\
& + \frac{(s - s_0)^3}{3!}\{-\kappa(s_0)^2 \boldsymbol{e}_1(s_0) + \kappa'(s_0)\boldsymbol{e}_2(s_0) \\
& + \kappa(s_0)\tau(s_0)\boldsymbol{e}_3(s_0)\} + \cdots
\end{aligned}$$

とあらわされることを証明せよ．

この式は**ブーケの公式**とよばれ，曲線の概形を $\kappa(s)$ と $\tau(s)$ から判断するのに役立つ．

14. (1) I を 0 を含む区間とし，各成分 $a_{ij}(t)$ が $t \in I$ の C^1 級関数である行列 $A(t) = (a_{ij}(t))$ に対し，各 $a_{ij}(t)$ を t について微分してえられる行列を $A'(t) = (a'_{ij}(t))$ であらわす．このとき，各 $t \in I$ に対して $A(t)$ が n 次直交行列であり，かつ $A(0)$ が単位行列であるならば，$A'(0)$ は n 次交代行列となることを証明せよ．

 (2) (1) を利用して，空間曲線に対するフレネ・セレーの公式を証明せよ．

15. $\alpha : I \to \boldsymbol{R}^3$ を弧長でパラメーター表示された正則な空間曲線とし，α の曲率 $\kappa(s)$ はつねに正であるとする．このとき次を証明せよ．
 (1) α の接線標形 $\alpha' : I \to S^2 \subset \boldsymbol{R}^3$ は S^2 内の正則な曲線である．
 (2) 接線標形 $\alpha' : I \to S^2 \subset \boldsymbol{R}^3$ の弧長，すなわち $\alpha'(0)$ から $\alpha'(s)$ までの α' の長さを $\sigma(s)$ であらわすとき，
$$\frac{d\sigma}{ds}(s) = \kappa(s), \quad s \in I$$
がなりたつ．

16. 単位球面 $S^2 \subset \boldsymbol{R}^3$ 上の対心点でない相異なる任意の 2 点 $P, Q \in S^2$ に対して，それらを通る大円弧は点 P, Q を結ぶ球面内の滑らかな曲線のなかで長さが最も短いことを証明せよ．

17. $\alpha : I \to \boldsymbol{R}^3$ を弧長でパラメーター表示された正則な空間曲線とし，α の接線標形 $\alpha' : I \to S^2 \subset \boldsymbol{R}^3$ の像 $\alpha'(I)$ が S^2 上のある大円に含まれるとする．このとき，α の像 $\alpha(I)$ は $\boldsymbol{R}^3$ 内のある平面に含まれることを証明せよ．

18. 弧長でパラメーター表示された正則な単純閉曲線 $\alpha : I \to \boldsymbol{R}^3$ の全曲率 $K(\alpha)$ について
$$K(\alpha) \geq 2\pi$$
となることを，クロフトンの公式を利用して証明せよ．

19. $\alpha : I = [0, l] \to \boldsymbol{R}^3$ を弧長でパラメーター表示された正則な閉曲線とし，α の曲率 $\kappa(s)$ はつねに正であるとする．このとき，α の**全振率**
$$T(\alpha) = \int_0^l \tau(s) ds$$
について，次を証明せよ．
 (1) 任意の $r \in \boldsymbol{R}$ に対して，$T(\alpha) = r$ となる α が存在する．
 (2) α の像 $\alpha(I)$ が単位球面 $S^2 \subset \boldsymbol{R}^3$ に含まれるならば，$T(\alpha) = 0$ である．

第3章

曲線の微分トポロジー

　トポロジー（位相幾何学）は，図形の同相写像のもとで不変な性質を研究する幾何学であるということができる．これに対して，とくに微分可能な同相写像（微分同相写像）のもとで不変な性質を研究する幾何学を微分トポロジー（微分位相幾何学）という．この章では，このような微分トポロジーの立場から平面曲線の性質を調べてみよう．

§15. ジョルダンの曲線定理

　$\alpha : [0, l] \to \mathbf{R}^2$ を弧長でパラメーター表示された正則な平面閉曲線とし，α の像の補集合から1点 $p_0 \in \mathbf{R}^2 \setminus \alpha([0, l])$ をとり，閉区間 $[0, l]$ から $\mathbf{R}^2$ 内の単位円周 S^1 への写像 $\varphi : [0, l] \to S^1 \subset \mathbf{R}^2$ を

$$(15.1) \qquad \varphi(s) = \frac{\alpha(s) - p_0}{\|\alpha(s) - p_0\|}, \quad s \in [0, l]$$

で定義しよう．

　各 $s \in [0, l]$ に対して，$\varphi(s)$ は点 p_0 から $\alpha(s)$ をみたときの方向をあらわす単位ベクトルであるから，φ は閉曲線 α を1周するときに，点 p_0 から $\alpha(s)$ をみた方向がどのように変化するか，その様子をあらわす写像に他ならない（図46）.

　さて，α は正則な閉曲線であるから，定義（§9参照）より

$$\alpha(0) = \alpha(l),\ \alpha'(0) = \alpha'(l),\ \alpha''(0) = \alpha''(l),\ \ldots$$

§15. ジョルダンの曲線定理

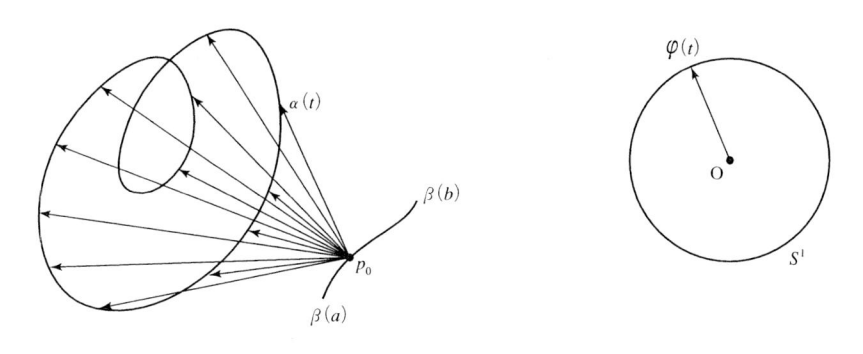

図 46

がなりたつ．したがって，単位円周 S^1 への写像 $\varphi : [0, l] \to S^1 \subset \mathbf{R}^2$ は S^1 の滑らかな閉じた道となる．よって，各 $\varphi(s) \in S^1$ を

$$\varphi(s) = (x_1(s), x_2(s)), \quad x_1(s)^2 + x_2(s)^2 = 1$$

とあらわすとき，§3 でみたように

(15.2) $$\theta(s) = \int_0^s (x_1(u)x_2'(u) - x_1'(u)x_2(u))\, du + \theta_0$$

によって，$\varphi(0) = (\cos\theta_0, \sin\theta_0) \in S^1$ を基点としたときの $\varphi(s)$ の回転角が定義される．よって，定義 3.2 と同様にして，φ の回転数 $d(\varphi) \in \mathbf{Z}$ が

(15.3) $$d(\varphi) = (\theta(l) - \theta(0))/2\pi$$

で定まる．

定義 15.1. 弧長でパラメーター表示された正則な平面閉曲線 $\alpha : [0, l] \to \mathbf{R}^2$ と点 $p_0 \in \mathbf{R}^2 \setminus \alpha([0, l])$ に対し，(15.3) で定まる整数 $d(\varphi)$ を $w(\alpha, p_0)$ であらわし，α の p_0 のまわりの**巻き数** (winding number) という[†]．

$\beta : [a, b] \to \mathbf{R}^2$ を滑らかな曲線とし，β の像は α の像と交わらない，すなわち $\beta([a, b]) \cap \alpha([0, l]) = \emptyset$ であるとしよう．このとき，容易にわかるように，$\beta([a, b])$

[†] $w(\alpha, p_0)$ を p_0 のまわりの回転数とよぶことも多いので注意する必要がある．

上の任意の 2 点 $p_0, p_1 \in \beta([a,b])$ に対して，p_0 に関して (15.1) で定義される S^1 の滑らかな閉じた道 $\varphi(s, p_0)$ と，p_1 に関して同様にして定義される S^1 の滑らかな閉じた道 $\varphi(s, p_1)$ は互いにホモトープとなる．したがって，定理 3.1 でみたことから，α の p_0 のまわりの巻き数 $w(\alpha, p_0)$ と p_1 のまわりの巻き数 $w(\alpha, p_1)$ は一致することがわかる．このことから，α の p_0 のまわりの巻き数 $w(\alpha, p_0)$ は，点 p_0 を $\mathbf{R}^2 \setminus \alpha([0, l])$ の各連結成分の中で取りかえても変化しないことがわかる．いいかえると，α の巻き数 $w(\alpha, p_0)$ を p_0 の関数とみなすとき，この関数の値は $\mathbf{R}^2 \setminus \alpha([0, l])$ の各連結成分上で一定となる．

問 15.1. S^1 の滑らかな閉じた道 $\varphi(s, p_0)$ と $\varphi(s, p_1)$ の間のホモトピーを構成せよ．

§3 および §4 でみたように，S^1 の区分的に滑らかな閉じた道，あるいはより一般の（連続な）閉じた道 $\gamma : [0, l] \to S^1 \subset \mathbf{R}^2$ に対して，その回転数 $d(\gamma)$ を定義することができる．したがって，区分的に正則な平面閉曲線や，より一般の閉じた道（連続な閉曲線）$\alpha : [0, l] \to \mathbf{R}^2$ に対しても，(15.1) で定義される S^1 の閉じた道 $\varphi : [0, l] \to S^1 \subset \mathbf{R}^2$ の回転数 $d(\varphi)$ として，α の p_0 のまわりの巻き数 $w(\alpha, p_0)$ を定義することができる．α が区分的に正則な平面閉曲線や $\mathbf{R}^2$ の一般の閉じた道である場合にも，その巻き数 $w(\alpha, p_0)$ の値は $\mathbf{R}^2 \setminus \alpha([0, l])$ の各連結成分上で一定となることに注意しておこう．

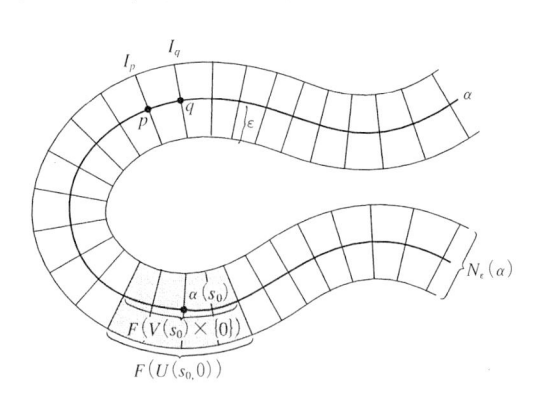

図 47

さて，$\alpha : [0, l] \to \mathbf{R}^2$ を弧長でパラメーター表示された正則な曲線としよう．

§15. ジョルダンの曲線定理

点 $\alpha(s)$ において α の接ベクトル $\alpha'(s)$ と直交する直線を s における α の**法線**という．各 $s \in [0, l]$ における α の法線上に点 $p = \alpha(s)$ を中心とする長さが 2ϵ の開区間 I_p を考えると，図 47 にあるように，合併集合 $N_\epsilon(\alpha) = \bigcup \{I_p \mid p \in \alpha([0, l])\}$ は α の像 $\alpha([0, l])$ のまわりの帯状の領域をなす．とくに，$\alpha([0, l])$ の相異なる点 $p \neq q$ に対してつねに $I_p \cap I_q = \emptyset$ となるとき，いいかえると $N_\epsilon(\alpha)$ の各点に対しその点を通る α の法線が一意的に定まるとき，$N_\epsilon(\alpha)$ を α の**管状近傍**という．

α が単純閉曲線ならば，このような管状近傍 $N_\epsilon(\alpha)$ がつねに存在することがわかる．すなわち次がなりたつ．

定理 15.1. $\alpha : [0, l] \to \mathbf{R}^2$ を弧長でパラメーター表示された正則な単純閉曲線とする．このとき，十分小さい $\epsilon > 0$ に対して，$N_\epsilon(\alpha)$ は α の管状近傍となる．

証明 α のパラメーター表示を

$$\alpha(s) = (x(s), y(s)), \quad s \in [0, l]$$

とし，$\{\boldsymbol{e}_1(s), \boldsymbol{e}_2(s)\}$ を α のフレネ標構とする．すなわち $\{\boldsymbol{e}_1(s), \boldsymbol{e}_2(s)\}$ は，α の各点 $\alpha(s)$ において

$$\boldsymbol{e}_1(s) = (x'(s), y'(s)), \quad \boldsymbol{e}_2(s) = (-y'(s), x'(s))$$

であたえられる $\boldsymbol{R}^2$ の正の向きの正規直交基底である．

写像 $F : [0, l] \times \boldsymbol{R} \to \boldsymbol{R}^2$ を

(15.4) $$F(s, t) = \alpha(s) + t\boldsymbol{e}_2(s), \quad (s, t) \in [0, l] \times \boldsymbol{R}$$

で定義しよう．$F(s, t)$ は s における α の法線上で $\alpha(s)$ から $\boldsymbol{e}_2(s)$ 方向に t だけ進んだ点に他ならない．

α は正則な閉曲線であるから，定義より明らかに $F(s, t) = (x(s, t), y(s, t))$ は滑らかな写像であり，任意の $s \in [0, l]$ に対して $(s, 0) \in [0, l] \times \boldsymbol{R}$ における F のヤコビアンは

$$\begin{vmatrix} \dfrac{\partial x}{\partial s} & \dfrac{\partial y}{\partial s} \\ \dfrac{\partial x}{\partial t} & \dfrac{\partial y}{\partial t} \end{vmatrix} (s, 0) = \begin{vmatrix} x'(s) & y'(s) \\ -y'(s) & x'(s) \end{vmatrix} = x'(s)^2 + y'(s)^2 = 1 \neq 0$$

となる．

したがって，逆写像定理より，各 $(s_0, 0) \in [0, l] \times \boldsymbol{R}$ のまわりで F は微分同相写像となる．すなわち，閉区間 $[0, l]$ において 0 と l を同一視し S^1 と同位相となる位相を考えるとき，正数 $\epsilon(s_0) > 0$ が存在して，

(15.5)
$$U(s_0, 0) = V(s_0) \times \{t \in \boldsymbol{R} \mid |t| < \epsilon(s_0)\},$$
$$V(s_0) = \{s \in [0, l] \mid s - s_0 \equiv s_1 (\mathrm{mod}\, l),\ |s_1| < \epsilon(s_0)\}$$

であたえられる $(s_0, 0) \in [0, l] \times \boldsymbol{R}$ の近傍 $U(s_0, 0)$ 上で，$F|U(s_0, 0)$ はその像の上への同相写像となり，かつその逆写像 $(F|U(s_0, 0))^{-1}$ も滑らかな写像となることがわかる．よって，とくに $F|U(s_0, 0)$ は全単射であり，したがって $F(V(s_0) \times \{0\}) \subset \alpha([0, l])$ の各点 q を通る α の法線は一意的に定まる．すなわち，この法線上の q を中心とする長さが $2\epsilon(s_0)$ の開区間 I_q は互いに交わりをもたない．

さて，α の像 $\alpha([0, l])$ に $\boldsymbol{R}^2$ からの相対位相をいれて $\boldsymbol{R}^2$ の部分空間と考えるとき，α は単純閉曲線であるから，容易にわかるように $F(V(s_0) \times \{0\})$ は $\alpha([0, l])$ の開集合となる．したがって，$\alpha([0, l])$ の各点 $p = \alpha(s_0)$ に対して，このようにして定まる開集合 $W_p = F(V(s_0) \times \{0\})$ を考えることにより，$\alpha([0, l])$ の開被覆 $\{W_p \mid p \in \alpha([0, l])\}$ がえられる．しかるに，$\alpha([0, l])$ はコンパクト集合であるから，この開被覆から有限個の開集合 $W_1, W_2, \ldots, W_k$ を選び出して，

$$\bigcup \{W_i \mid i = 1, \ldots, k\} = \alpha([0, l])$$

とすることができる．各 W_i に対して (15.5) において定まる正数を ϵ_i とし，正数 $\epsilon > 0$ を

$$\epsilon < \min\{\epsilon_1, \ldots, \epsilon_k, \delta\}$$

となるようにとる．ただしここで，$\delta > 0$ は開被覆 $\{W_i \mid i = 1, \ldots, k\}$ のルベーグ数をあらわす (章末の問題 3 参照)．

このとき，この ϵ に対して定まる開集合

$$N_\epsilon(\alpha) = F\left(\{(s, t) \mid s \in [0, l],\ |t| < \epsilon\}\right)$$

は α の管状近傍となる．実際，$p, q \in \alpha([0, l])$ がある W_i に同時に含まれるならば，p, q を通る α の法線上の長さが 2ϵ の開区間 I_p と I_q は互いに交わらない．一方，

p と q がある W_i に同時に含まれない場合は，ルベーグ数の定義より $\|p-q\| \geq \delta$ であるから，もし I_p と I_q がある点 $Q \in \mathbf{R}^2$ で交わったとすると

$$2\epsilon \geq \|p-Q\| + \|Q-q\| \geq \|p-q\| \geq \delta$$

となり，ϵ のとり方に矛盾する．よって，$N_\epsilon(\alpha)$ が求める管状近傍であることがわかる． □

問 15.2. α が単純閉曲線でなければ，上の証明中の $F(V(s_0) \times \{0\})$ は $\alpha([0,l])$ の開集合になるとは限らないことを確かめよ．

以上の準備のもとに，正則な単純閉曲線に対するジョルダンの曲線定理を証明しよう．

定理 15.2. (ジョルダンの曲線定理)　$\alpha : [0,l] \to \mathbf{R}^2$ が弧長でパラメーター表示された正則な単純閉曲線ならば，α の像の補集合 $\mathbf{R}^2 \setminus \alpha([0,l])$ はちょうど2つの連結成分をもち，$\alpha([0,l])$ はその共通の境界となる．

証明　α は正則な単純閉曲線であるから，定理 15.1 より，α は管状近傍 $N_\epsilon(\alpha)$ をもつ．定義より，$N_\epsilon(\alpha)$ は各 $s \in [0,l]$ における α の法線上の $p = \alpha(s)$ を中心とする長さが 2ϵ の開区間 I_p の合併集合 $N_\epsilon(\alpha) = \bigcup \{I_p \mid p \in \alpha([0,l])\}$ としてえられる．$N_\epsilon(\alpha)$ は α の像 $\alpha([0,l])$ のまわりの帯状の領域をなし，$\alpha([0,l])$ の相異なる点 $p \neq q$ に対してはつねに $I_p \cap I_q = \emptyset$ であることに注意．したがって $N_\epsilon(\alpha) \setminus \alpha([0,l])$ は，(15.4) の $F(s,t)$ の定義における t の値の正負に対応して，2つの連結成分 T_1 と T_2 をもつことになる．

α の像 $\alpha([0,l])$ は $\mathbf{R}^2$ の有界閉集合であるから，定理 9.1 の証明の場合と同じ理由により，$\alpha([0,l])$ は点 $p_0 = \alpha(s_0)$ における α の接線の片側に位置すると仮定してよい．また簡単のために，この接線は $\mathbf{R}^2$ の x 軸と平行であり，$\alpha([0,l])$ はその下側に位置するとしても一般性を失わない．

証明のキーポイントは，$p_1, p_2 \in I_{p_0}$ に対して，$p_1 \in T_1$ および $p_2 \in T_2$ かつ p_1 と p_2 が十分近いならば，α の p_1 のまわりの巻き数 $w(\alpha, p_1)$ と p_2 のまわりの巻き数 $w(\alpha, p_2)$ について

(15.6) $$w(\alpha, p_1) - w(\alpha, p_2) = \pm 1$$

となることを示すことである．ここに ± 1 の符号は α のパラメーター表示の向きに応じて定まる．

まず，これを確かめよう．点 $p_0 = \alpha(s_0)$ に対して，$s_1 < s_0 < s_2$ に対応する点 $A = \alpha(s_1)$ と $D = \alpha(s_2)$ を p_0 に十分近くとり，α から A, D が切りとる部分弧 AD が，図 48 にあるように，点 A, D を結ぶ折れ線 $ABCD$ とホモトープとなるようにしておく．ここで，線分 BC は p_0 における α の接線上にとり，線分 AB と CD は I_{p_0} に平行にとっておく．

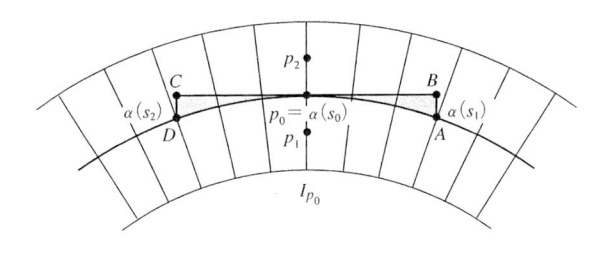

図 **48**

α の部分弧 AD を折れ線 $ABCD$ に取り換えてえられる区分的に正則な曲線を $\beta : [0, \bar{l}\,] \to \mathbf{R}^2$ としよう．弧長をパラメーターにとり，$\beta(0) = \beta(\bar{l}) = B$ かつ $\beta(s_3) = C$ となっていると仮定しても一般性を失わない．また，閉曲線 α と β はホモトープであるから，巻き数の定義より容易に

$$w(\alpha, p_1) = w(\beta, p_1), \quad w(\alpha, p_2) = w(\beta, p_2)$$

となることがわかる．よって，以下 α の代わりに β について考えることにする．

区分的に正則な曲線 β に対して，$\varphi_1, \varphi_2 : [0, \bar{l}\,] \to S^1 \subset \mathbf{R}^2$ をそれぞれ p_1 と p_2 について (15.1) と同様にして定義される写像とし，$\theta_1, \theta_2 : [0, \bar{l}\,] \to \mathbf{R}$ を φ_1 と φ_2 に対してそれぞれ (15.2) で定義される φ_1 と φ_2 の回転角をあらわす写像としよう．β のパラメーター表示は，図 49 の向きにあたえられているとしておく．

このとき，定数 $\rho > 0$ が存在して，任意の $s \in [s_3, \bar{l}\,]$ に対して点 $\beta(s)$ と p_1 および p_2 の距離はともに ρ より大きくなる．実際，図 49 から容易にわかるように，この 2 つの距離は p_1 および p_2 と管状近傍 $N_\epsilon(\alpha)$ の境界 $\partial N_\epsilon(\alpha)$ との距離，ならびに p_1 および p_2 と点 A, B, C, D との距離のうちの最も小さい値よりつねに

§15. ジョルダンの曲線定理

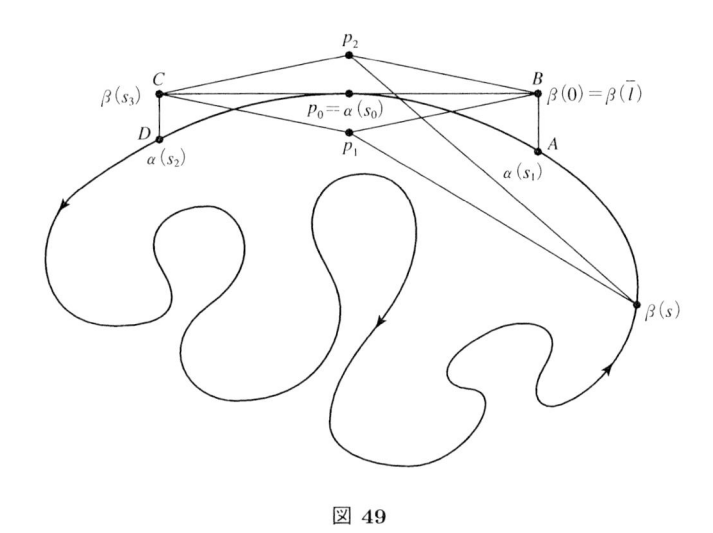

図 49

大きい. したがって，ベクトル $\beta(s) - p_1$ が $\beta(s) - p_2$ となす角は，p_1 を p_2 に近づけるとき，閉区間 $[s_3, \bar{l}]$ 上で一様に 0 に収束する.

一方，閉区間 $[0, s_3]$ において β の像は線分 BC であるから，p_1 を p_2 に近づけるとき，φ_1 と φ_2 の回転角について容易に

$$\theta_1(s_3) - \theta_1(0) = \pi - \epsilon_1, \quad \theta_2(s_3) - \theta_2(0) = -(\pi - \epsilon_2)$$

となることがわかる. ここに，ϵ_1, ϵ_2 はともに $\pi/3$ より小さい正数である.

さて，巻き数の定義より

$$\begin{aligned}
2\pi(w(\beta, p_1) - w(\beta, p_2)) &= (\theta_1(\bar{l}) - \theta_1(0)) - (\theta_2(\bar{l}) - \theta_2(0)) \\
&= \{(\theta_1 - \theta_2)(\bar{l}) - (\theta_1 - \theta_2)(s_3)\} \\
&\quad + \{(\theta_1 - \theta_2)(s_3) - (\theta_1 - \theta_2)(0)\} \\
&= \{(\theta_1 - \theta_2)(\bar{l}) - (\theta_1 - \theta_2)(s_3)\} \\
&\quad + \{(\theta_1(s_3) - \theta_1(0)) - (\theta_2(s_3) - \theta_2(0))\}
\end{aligned}$$

となるが，ここで $|\theta_1 - \theta_2|(s)$ は $\beta(s) - p_1$ と $\beta(s) - p_2$ のなす角度をあらわすので，p_1 を p_2 に近づけるとき，先程の考察から右辺の第 1 項はいくらでも小さく

できることがわかる．そこで，その値を $\epsilon_3 < \pi/3$ とすると，p_1 を p_2 に近づけるとき，結局 $|\epsilon| < \pi$ なる ϵ が存在して

$$2\pi(w(\beta,p_1) - w(\beta,p_2)) = \epsilon_3 + (\pi - \epsilon_1) + (\pi - \epsilon_2) = 2\pi + \epsilon$$

となる．したがって，p_1 と p_2 が十分近ければ

$$w(\beta,p_1) - w(\beta,p_2) = 1$$

となり，α について (15.6) がなりたつことがわかる．

関係式 (15.6) より，定理の結論は次のようにして導かれる．α の巻き数 $w(\alpha,p)$ は，$W = \boldsymbol{R}^2 \setminus \alpha([0,l])$ の各連結成分上で一定であるから，(15.6) より W は少なくとも 2 つの連結成分をもつことがわかる．よって，W が 3 つ以上の連結成分をもたないことを確かめればよい．

C を W の連結成分とすると，C の境界 ∂C は明らかに空集合ではなく，かつ $\partial C \subset \alpha([0,l])$ となる．したがって，C は α の管状近傍 $N_\epsilon(\alpha)$ における $N_\epsilon(\alpha) \setminus \alpha([0,l])$ の連結成分 T_1, T_2 のいずれかと交わらなければならない．しかるに C は $W = \boldsymbol{R}^2 \setminus \alpha([0,l])$ の連結成分であるから，$C \supset T_1$ または $C \supset T_2$ でなければならず，結局 W は 3 つ以上の連結成分をもちえないことがわかる．

よって，W はちょうど 2 つの連結成分をもつことになる．T_1 および T_2 を含む連結成分をそれぞれ C_1, C_2 とすると，明らかに $\partial C_1 = \alpha([0,l]) = \partial C_2$ がなりたつ．これが証明すべきことであった． □

定理 15.2 における $\boldsymbol{R}^2 \setminus \alpha([0,l])$ の 2 つの連結成分は，次のようにして区別できる．実際，α の像 $\alpha([0,l])$ は $\boldsymbol{R}^2$ のコンパクト集合であるから，十分大きい半径 R の閉円板 $D^2(R)$ の内部に含まれる．そこで，点 p_0 を $p_0 \notin D^2(R)$ となるようにとると，α の p_0 のまわりの巻き数 $w(\alpha, p_0)$ は 0 となることがわかる．なぜなら，任意の $s \in [0,l]$ に対して，$\alpha(s)$ と p_0 を結ぶ線分は，p_0 を通り $D^2(R)$ の境界である半径 R の円周に接する 2 直線で挟まれる領域に含まれるので，(15.1) における写像 φ の像は S^1 の中で零ホモトープとなるからである．したがって，巻き数 $w(\alpha, p_0)$ が 0 となる連結成分は，閉円板 $D^2(R)$ の外部を含む非有界な領域であることがわかる．これを α の**外部**とよぶ．明らかに，残りの連結成分は α に

よって囲まれる有界な領域であり，巻き数 $w(\alpha, p_0)$ の値は（α のパラメーター表示の向きに応じて）± 1 となる．これを α の**内部**とよぶ．

問 15.3. $w(\alpha, p_0) = 1$ となるのは，単純閉曲線 α が正の向きにパラメーター表示されている（§9 参照）ときであることを確かめよ．

§16. 正則ホモトピー

$\alpha : I = [0,1] \to \boldsymbol{R}^2$ を閉区間 $I = [0,1]$ 上で定義された C^1 級の正則な平面閉曲線としよう．すなわち，α は I から 2 次元ユークリッド空間 $\boldsymbol{R}^2$ への C^1 級写像であり，α の接ベクトル $\alpha'(t)$ に対してつねに

$$(16.1) \qquad \alpha'(t) \neq 0, \quad t \in I$$

がなりたち，かつ始点と終点において

$$(16.2) \qquad \alpha(0) = \alpha(1), \quad \alpha'(0) = \alpha'(1)$$

をみたすものとする．(16.1) が α が正則な曲線であるための条件であり，(16.2) が α が閉曲線であるための条件である．以下この節では，とくに断らない限り C^1 級の正則な平面閉曲線について考えることとし，これを単に正則な閉曲線とよぶことにする．

第 1 章で定義した道のホモトピー（定義 1.1 参照）は，連続な曲線を連続的に変形するものであったので，変形の途中にあらわれる曲線の微分可能性や正則性は必ずしも保証されない．そこで，微分トポロジーの立場から閉曲線の性質を調べるために，このような一般の道のホモトピーではなく，正則な閉曲線を曲線の正則性を保ったまま連続的に変形するような（より条件の強い）ホモトピーを考えることにしよう．

定義 16.1. 正則な閉曲線 $\alpha, \beta : I = [0,1] \to \boldsymbol{R}^2$ に対し，連続写像 $F : I \times I \to \boldsymbol{R}^2$ が次の条件 (i), (ii) をみたすとき，$F = F(t, u)$ を α から β への**正則な自由ホモトピー**あるいは簡単に**正則ホモトピー**という．

(i) $\quad F(t, 0) = \alpha(t), \quad F(t, 1) = \beta(t), \quad t \in I.$

(ii) 各 $u \in I$ に対して $f_u(t) = F(t, u)$ とおくとき, $f_u : I \to \mathbf{R}^2$ は正則な閉曲線であり, f_u の接ベクトル $f'_u(t) = (\partial F / \partial t)(t, u)$ は u に関して連続である.

このようなホモトピー F が存在するとき, α と β は**正則ホモトープ**であるという.

α と β が正則ホモトープであるとき, 正則な閉曲線の族 $\{f_u \mid u \in I\}$ によって α は β まで連続的に変形されることになる. ただし, 道のホモトピーの場合と異なり, 変形の途中で始点と終点 $f_u(0) = f_u(1)$ を必ずしも止めていないことに注意しておこう.

例題 16.1. $\alpha : I = [0, 1] \to \mathbf{R}^2$ を正則な閉曲線とし, $\theta : I \to I$ を閉曲線の向きを保つパラメーターの変換とする. すなわち, θ は I から I への C^1 級写像であり, 任意の $t \in I$ に対して $\theta'(t) > 0$, かつ $\theta'(0) = \theta'(1)$ であるとする. このとき, α からパラメーターを変換してえられる正則な閉曲線 $\beta = \alpha \circ \theta : I \to \mathbf{R}^2$ は α と正則ホモトープである.

証明 各 $u \in I = [0, 1]$ に対して

$$\theta_u(t) = u\theta(t) + (1-u)t, \quad f_u(t) = \alpha(\theta_u(t)), \quad t \in I$$

とおき, 連続写像 $F : I \times I \to \mathbf{R}^2$ を

$$F(t, u) = f_u(t), \quad (t, u) \in I \times I$$

で定義する.

このとき, $\theta(0) = 0$, $\theta(1) = 1$ かつ $\theta'(0) = \theta'(1)$ であるから, 任意の $(t, u) \in I \times I$ に対して

$$f_u(0) = \alpha(0) = \alpha(1) = f_u(1),$$

$$\theta'_u(t) = u\theta'(t) + (1-u) > 0, \quad f'_u(t) = \alpha'(\theta_u(t))\theta'_u(t) \neq 0,$$

$$f'_u(0) = \alpha'(0)\theta'_u(0) = \alpha'(1)\theta'_u(1) = f'_u(1)$$

となり, 各 $f_u : I \to \mathbf{R}^2$ は正則な閉曲線であり, f_u の接ベクトル $f'_u(t)$ は u に関

§16. 正則ホモトピー

して連続となることがわかる．また，

$$F(t,0) = f_0(t) = \alpha(\theta_0(t)) = \alpha(t),$$
$$F(t,1) = f_1(t) = \alpha(\theta_1(t)) = \alpha(\theta(t)) = \beta(t)$$

であるから，$F = F(t,u)$ は α から β への正則ホモトピーをあたえる．よって α と β は正則ホモトープである． □

例題 16.1 より，正則な閉曲線 $\alpha, \beta : I = [0,1] \to \mathbf{R}^2$ が正則ホモトープであるかどうかは，α および β の閉曲線の向きを保つパラメーターの選び方によらずに決まることがわかる．

さて，$\alpha : [0,l] \to \mathbf{R}^2$ を弧長 s でパラメーター表示された正則な閉曲線としよう．このとき，パラメーターの変換 $\theta : [0,1] \to [0,l]$ を

$$\theta(t) = lt, \quad t \in [0,1]$$

で定義すれば，容易にわかるように α からパラメーターを変換してえられる曲線 $\tilde{\alpha} = \alpha \circ \theta : I = [0,1] \to \mathbf{R}^2$ は閉区間 $I = [0,1]$ 上で定義された正則な閉曲線となる．とくに

$$\tilde{\alpha}'(t) = \frac{d\alpha}{ds}(\theta(t)) \cdot \frac{d\theta}{dt}(t) = \alpha'(\theta(t)) \cdot l, \quad t \in I$$

であるから，任意の $t \in I$ に対して $\|\tilde{\alpha}'(t)\| = l$ となり，$\tilde{\alpha}$ は弧長に比例したパラメーター $t = s/l$ で表示された正則な閉曲線であることがわかる．

そこで以下，正則な閉曲線 $\alpha : I = [0,1] \to \mathbf{R}^2$ はつねに弧長に比例したパラメーター t により $\|\alpha'(t)\| = l$（l は α の長さ）となるように表示されているとしよう．

正則な閉曲線 $\alpha : I = [0,1] \to \mathbf{R}^2$ に対して，各 $t \in I$ における単位接ベクトル

$$\frac{1}{l}\alpha'(t) = \frac{\alpha'(t)}{\|\alpha'(t)\|}, \quad t \in I$$

を対応させることにより，α の接線標形

$$l^{-1}\alpha' : I = [0,1] \to S^1 \subset \mathbf{R}^2$$

がえられる．条件 (16.2) より，α の接線標形 $l^{-1}\alpha'$ は S^1 の閉じた道を定めるから，その回転数 $d(l^{-1}\alpha')$（定義 4.1 参照）として，閉曲線 α の回転指数 $i(\alpha)$ が定義される．定義より，$i(\alpha)$ は α の接線標形が S^1 を左回りにまわる実質的回数（＝左回りにまわる回数から右回りにまわる分を差し引いた回数）をあらわしていることに注意しておこう．

命題 16.1. 正則な閉曲線 $\alpha, \beta : I = [0,1] \to \mathbf{R}^2$ が正則ホモトープならば，α と β の回転指数 $i(\alpha)$ と $i(\beta)$ は等しい．すなわち

$$i(\alpha) = i(\beta)$$

がなりたつ．

証明 $F : I \times I \to \mathbf{R}^2$ を α から β への正則ホモトピーとし，$f_u = F(\ , u) : I \to \mathbf{R}^2$ を変形の途中にあらわれる正則な閉曲線とするとき，定義 16.1 (ii) より f_u の接ベクトル $f'_u(t)$ は $u \in I$ に関して連続となる．したがって f_u の長さを l_u とするとき，各 f_u の接線標形

$$l_u^{-1} f_u : I = [0,1] \to S^1 \subset \mathbf{R}^2$$

も u に関して連続となり，その回転数 $d(l_u^{-1} f_u)$ は u について連続的に変化する．しかるに各 $u \in I$ に対して $d(l_u^{-1} f_u)$ は整数値であるので，結局一定値でなければならない．よって $i(\alpha) = i(\beta)$ となる． □

例 16.1. $\alpha, \beta : I = [0,1] \to \mathbf{R}^2$ を

$$\alpha(t) = (\cos 2\pi t, \sin 2\pi t), \quad \beta(t) = (\cos(-2\pi t), \sin(-2\pi t)), \quad t \in I$$

で定義される正則な閉曲線とすると，α は左回りの単位円周をあらわし，β は右回りの単位円周をあらわす．したがって，α と β の回転指数はそれぞれ $i(\alpha) = 1$ および $i(\beta) = -1$ となり，命題 16.1 より α と β は正則ホモトープとはなりえないことがわかる．

しかし，α と β はともに $\mathbf{R}^2$ 内の零ホモトープな閉じた道であり，容易にわかるように連続な閉曲線としてはホモトープである．また，たとえば図 50 にある

§16. 正則ホモトピー

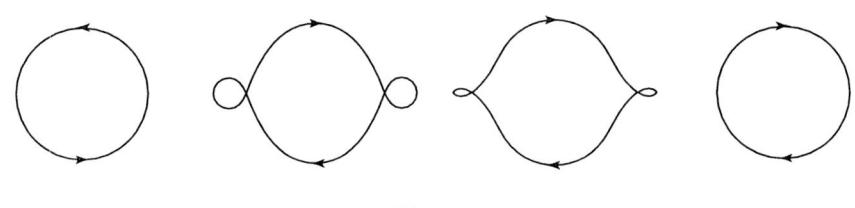

図 50

ようなホモトピーを考えてみると，一見 α から β への正則ホモトピーとなるようにみえるが，実は変形の途中で閉曲線の正則性が保たれないことがわかる．

正則な閉曲線 α と β が正則ホモトープならば，命題 16.1 より α の回転指数 $i(\alpha)$ と β の回転指数 $i(\beta)$ は等しくなるが，逆に $i(\alpha) = i(\beta)$ ならば，α と β は正則ホモトープとなることが，1937 年にホイットニー（H. Whitney）により証明された．すなわち次の定理がなりたつ．

定理 16.1. 正則な閉曲線 $\alpha, \beta : I = [0,1] \to \boldsymbol{R}^2$ が正則ホモトープとなるための必要十分条件は，α と β の回転指数 $i(\alpha)$ と $i(\beta)$ が等しいことである．

定理 16.1 の証明に入る前に，次の補題を準備しておこう．

補題 16.1. $\alpha' : I = [0,1] \to \boldsymbol{R}^2$ を連続写像とし，$p \in \boldsymbol{R}^2$ に対して

$$(16.3) \qquad \alpha(t) = p + \int_0^t \alpha'(v)dv, \quad t \in I$$

と定義する．このとき，写像 $\alpha : I = [0,1] \to \boldsymbol{R}^2$ が正則な閉曲線となるのは，任意の $t \in I$ に対して $\alpha'(t) \neq 0$ であり，

$$\alpha'(0) = \alpha'(1), \quad \int_0^1 \alpha'(t)dt = 0$$

となるとき，かつそのときに限る．

証明 定義式 (16.3) より $\alpha : I \to \boldsymbol{R}^2$ は C^1 級写像であり，α' について仮定されている条件は，α が正則な閉曲線となるための条件 (16.1) および (16.2) と同値である． □

定理 16.1 の証明　必要条件であることは命題 16.1 で確かめてあるので，十分条件でもあることを示せばよい．

$\alpha : I = [0,1] \to \mathbf{R}^2$ と $\beta : I = [0,1] \to \mathbf{R}^2$ の弧長に比例したパラメーターをともに t であらわし，

$$\|\alpha'(t)\| = l_0 \ (l_0 \text{ は } \alpha \text{ の長さ}), \quad \|\beta'(t)\| = l_1 \ (l_1 \text{ は } \beta \text{ の長さ})$$

としよう．ここで，$g_0 = \alpha$ とおき，各 $u \in I$ に対して

$$g_u(t) = g_0(0) + \frac{1}{l_0}[l_1 u + l_0(1-u)](g_0(t) - g_0(0)), \quad t \in I$$

と定義すると，

$$g'_u(t) = \frac{1}{l_0}[l_1 u + l_0(1-u)]g'_0(t) \neq 0, \quad (t,u) \in I \times I$$

$$g_u(0) = g_0(0) = g_u(1), \quad g'_u(0) = g'_u(1)$$

であるから，各 $g_u : I = [0,1] \to \mathbf{R}^2$ は正則な閉曲線であり，$g_0 = \alpha$ は g_1 と正則ホモトープ，かつ $\|g'_1(t)\| = l_1$ となることがわかる．

そこで，$f_0 = g_1 : I = [0,1] \to \mathbf{R}^2$ および $f_1 = \beta : I = [0,1] \to \mathbf{R}^2$ とおくと，f_0 と f_1 はともに弧長に比例したパラメーター t により

$$\|f'_0(t)\| = \|f'_1(t)\| = l_1 \ (l_1 \text{ は } f_0 \text{ および } f_1 \text{ の長さ})$$

となるように表示されているとしてよいので，以下 f_0 と f_1 が正則ホモトープとなることを示すことにしよう．

さて，f_0 と f_1 の接線標形を

$$l_1^{-1} f'_i : I = [0,1] \to S^1 \subset \mathbf{R}^2, \quad i = 0, 1$$

とする．ここで，正則な閉曲線 f_0 と f_1 にそれぞれ $\mathbf{R}^2$ 上の運動を施しても，容易にわかるようにもとの曲線と正則ホモトープとなるから，f_0 と f_1 の接線標形 $l_1^{-1} f'_0$ および $l_1^{-1} f'_1$ はともに $x_0 = (1,0) \in S^1$ を基点とする S^1 の閉じた道であると仮定しても一般性を失わないことに注意しよう（図 51 参照）．

§16. 正則ホモトピー

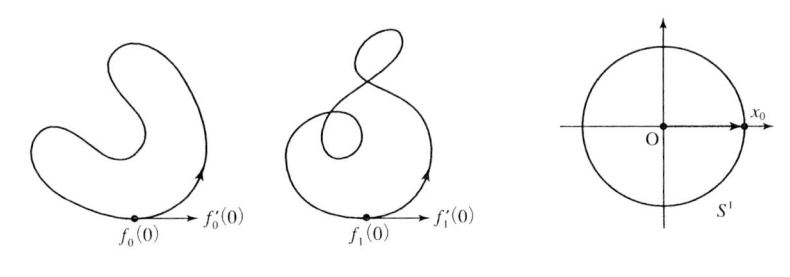

図 51

一方，定理の仮定より $i(f_0) = i(f_1)$ となるから，f_0 と f_1 の接線標形の回転数について $d(l_1^{-1}f_0') = d(l_1^{-1}f_1')$ がなりたつ．したがって，円周の基本群の性質（定理 4.3 参照）より，$l_1^{-1}f_0'$ と $l_1^{-1}f_1'$ は x_0 を基点とする S^1 の閉じた道としてホモトープとなる．よって，x_0 を基点とする S^1 の閉じた道のホモトピー $H : I \times I \to S^1$ が存在して，$l_1^{-1}f_0' = H(\ ,0)$ は $l_1^{-1}f_1' = H(\ ,1)$ とホモトープとなる．ゆえに，$f_0' = l_1 H(\ ,0) = h_0$ と $f_1' = l_1 H(\ ,1) = h_1$ は半径 l_1 の円周 $S^1(l_1)$ における $l_1 x_0 = (l_1, 0) \in S^1(l_1)$ を基点とする閉じた道の族 $\{h_u = l_1 H(\ ,u) \mid u \in I\}$ によりホモトープとなることがわかる．

この h_u を用いて，各 $(t,u) \in I \times I$ に対して

(16.4)
$$f_u'(t) = h_u(t) - \int_0^1 h_u(v) dv,$$
$$f_u(t) = f_0(0) + u[f_1(0) - f_0(0)] + \int_0^t f_u'(v) dv$$

と定義しよう．

このとき，もし $i(f_0) = i(f_1) \neq 0$ ならば，$F(t,u) = f_u(t)$ で定義される写像 $F : I \times I \to \mathbf{R}^2$ は f_0 から f_1 への正則ホモトピーとなる．実際，各 $h_u : I = [0,1] \to S^1(l_1)$ は $l_1 x_0 \in S^1(l_1)$ を基点とする $S^1(l_1)$ の閉じた道であるから，(16.4) より

$$f_u'(0) - f_1'(1) = h_u(0) - h_u(1) = 0,$$

かつ各 $u \in I$ について

$$\int_0^1 f_u'(t) dt = \int_0^1 h_u(t) dt - \left(\int_0^1 h_u(v) dv\right) \int_0^1 dt = 0$$

となることがわかる．また，$i(f_0) = i(f_1) \neq 0$ であるから，$S^1(l_1)$ の閉じた道 $h_u : I = [0,1] \to S^1(l_1)$ は各 $u \in I$ に対して全射となる．一方，容易にわかるように，h_u の平均 $\int_0^1 h_u(v) dv$ について不等式

$$(16.5) \qquad \left\| \int_0^1 h_u(v) dv \right\|^2 \leq \int_0^1 \|h_u(v)\|^2 dv = l_1{}^2$$

がなりたち，かつ等号が成立するのは h_u が定値写像となるときに限る．したがって，$\int_0^1 h_u(v) dv$ は半径 l_1 の円周 $S^1(l_1)$ の内部の点を定めるので，

$$h_u(t) \neq \int_0^1 h_u(v) dv, \quad t \in I$$

がなりたち，任意の $t \in I$ について $f'_u(t) \neq 0$ となる．ゆえに補題 16.1 より，各 $f_u : I = [0,1] \to \boldsymbol{R}^2$ は正則な閉曲線となることがわかり，$F = F(t,u)$ は f_0 から f_1 への正則ホモトピーをあたえることがわかる．

一方，もし $i(f_0) = i(f_1) = 0$ ならば，f'_0 から f'_1 へのホモトピー $l_1 H = l_1 H(t,u) = h_u(t)$ において，ある $u \in I$ に対して $h_u : I = [0,1] \to S^1(l_1)$ が定値写像となる可能性がある．この場合，(16.4) で定義される f_u について，任意の $t \in I$ に対して $f'_u(t) = 0$ となり，$f_u : I = [0,1] \to \boldsymbol{R}^2$ が正則な閉曲線でなくなる．そこでこれを避けるために，f'_0 から f'_1 へのホモトピー h_u を，任意の $u \in I$ について $h_u : I = [0,1] \to S^1(l_1)$ が定値写像とならないように取りなおす必要がある．このように h_u をとりなおせば，(16.5) からわかるように h_u の平均 $\int_0^1 h_u(v) dv$ は $S^1(l_1)$ の内部の点を定める．したがって，任意の $t \in I$ に対して $f'_u(t) \neq 0$ となり，各 $f_u : I = [0,1] \to \boldsymbol{R}^2$ は正則な閉曲線となるので，先程と同様にして $F = F(t,u)$ は f_0 から f_1 への正則ホモトピーをあたえることがわかる．

以上により，f_0 と f_1 が正則ホモトープであることがわかり，結局 α と β が正則ホモトープとなることがわかった．これが証明すべきことであった． □

問 16.1. 上の証明において，$i(f_0) = i(f_1) = 0$ のとき，f'_0 から f'_1 へのホモトピー $h_u : I = [0,1] \to S^1(l_1)$ を，任意の $u \in I$ について h_u が定値写像とならないようにとれることを示せ．

問題 3

1. （ルーシェの定理）$\alpha : [a,b] \to \mathbf{R}^2$ と $\beta : [a,b] \to \mathbf{R}^2$ を $\mathbf{R}^2$ の閉じた道とする．点 $p_0 \in \mathbf{R}^2$ に対して，つねに

$$\|\alpha(t) - \beta(t)\| < \|\alpha(t) - p_0\|, \quad t \in [a,b]$$

であるならば，α と β の p_0 のまわりの巻き数は一致する，すなわち

$$w(\alpha, p_0) = w(\beta, p_0)$$

となることを証明せよ．

2. ルーシェの定理を利用して，代数学の基本定理（定理 6.2）を証明せよ．

3. $A \subset \mathbf{R}^2$ をコンパクト集合とし，$\{U_\lambda \mid \lambda \in \Lambda\}$ を A の開被覆とする．このとき，A の 2 点 $p, q \in A$ について $\|p - q\| < \delta$ ならば，ある $\lambda \in \Lambda$ に対して $p, q \in U_\lambda$ となる，という性質をもつ正数 $\delta > 0$ が存在することを証明せよ．この δ を開被覆 $\{U_\lambda \mid \lambda \in \Lambda\}$ の**ルベーグ数**という．

4. $I = [0, 1]$ とし，写像 $F : I \times I \to \mathbf{R}^2$ を $(t, u) \in I \times I$ に対して

$$F(t, u) = (\cos 2\pi t - 2u \sin 2\pi t \cos 2\pi t,\ \sin 2\pi t - 2u \sin^2 2\pi t)$$

で定義する．$f_u(t) = F(t, u)$ とおくとき，$\alpha(t) = f_0(t)$ の像は単位円周であり，$\beta(t) = f_1(t)$ の像は例 10.1 でみた正則な閉曲線である．このとき，$F = F(t, u)$ は α から β へのホモトピーであるが，正則ホモトピーではないことを証明せよ．

5. 図 52 にある正則な閉曲線 $\alpha, \beta : I = [0,1] \to \mathbf{R}^2$ の回転指数 $i(\alpha)$ と $i(\beta)$ はともに 1 であることを確かめ，α から β あるいは β から α への正則なホモトピーを具体的に構成し図示せよ．

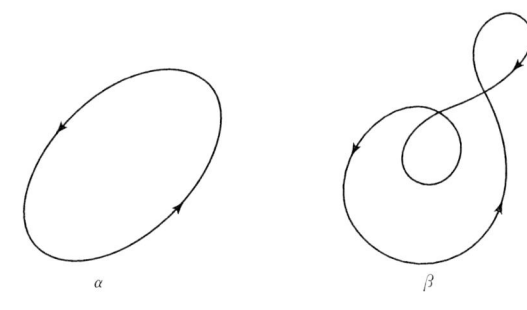

図 52

付録1

微積分学の定理から

§A. グリーンの公式

$I = [a,b]$ $(a < b)$ を閉区間とし，$\alpha : I \to \boldsymbol{R}^2$ を I 上で定義された $\boldsymbol{R}^2$ 内の曲線とする．α のパラメーター表示

$$\alpha(t) = (x(t), y(t)), \quad t \in I$$

において，$x(t)$ および $y(t)$ が I 上の C^1 級関数となるとき，α を $\boldsymbol{R}^2$ 内の C^1 級曲線という．$f(x,y)$ と $g(x,y)$ を α の像 $\alpha(I)$ を含む領域で定義された C^1 級関数とするとき，α に沿っての**線積分**が

$$\int_\alpha f dx + g dy = \int_a^b \left(f(x(t), y(t)) \frac{dx}{dt} + g(x(t), y(t)) \frac{dy}{dt} \right) dt$$

で定義される．

線積分と重積分の間にグリーンの公式とよばれる次の関係式がなりたつ．

定理 A.1. (グリーンの公式)　　$\mathcal{R}$ を $\boldsymbol{R}^2$ 内の有界閉領域とし，その境界 $\partial \mathcal{R}$ は互いに交わらない有限個の C^1 級曲線からなるとする．このとき，$\mathcal{R}$ を含む領域で定義された任意の C^1 級関数 $f(x,y)$ と $g(x,y)$ に対し，

$$(\text{A.1}) \qquad \int_\mathcal{R} \left(\frac{\partial g}{\partial x} - \frac{\partial f}{\partial y} \right) dx dy = \int_{\partial \mathcal{R}} f dx + g dy$$

がなりたつ．ただし，右辺は $\partial\mathcal{R}$ の各 C^1 級曲線 α を正の向き（すなわち $\mathcal{R}$ の内部を左側にみて進む向き）にパラメーター表示したときの α に沿っての線積分の和をあらわす．

たとえば，$\mathcal{R}$ を $\boldsymbol{R}^2$ 内の単位円板とし，その境界の円周 S^1 のパラメーター表示を
$$\alpha(t) = (\cos t, \sin t), \quad t \in [0, 2\pi]$$
であたえるとき，$f(x,y) = -y$ と $g(x,y) = x$ に対して，(A.1) は
$$\text{左辺} = \int_{\mathcal{R}} \left(\frac{\partial g}{\partial x} - \frac{\partial f}{\partial y} \right) dxdy = \int_{\mathcal{R}} (1 - (-1)) dxdy$$
$$= 2 \int_{\mathcal{R}} dxdy = 2\pi,$$
$$\text{右辺} = \int_{\alpha} fdx + gdy = \int_{\alpha} -ydx + xdy$$
$$= \int_0^{2\pi} \left(\sin^2 t + \cos^2 t \right) dt = \int_0^{2\pi} dt = 2\pi$$
となる．

§B. 常微分方程式の初期値問題

微分幾何学の問題には，$n+1$ 次元ユークリッド空間 $\boldsymbol{R} \times \boldsymbol{R}^n$ 内の領域 D 上で定義された $\boldsymbol{R}^n$ 値関数 $f = f(t,x)$ $((t,x) \in \boldsymbol{R} \times \boldsymbol{R}^n)$ に対して

(B.1) $$\frac{dx}{dt} = f(t,x)$$

とあらわされる常微分方程式（系）がよくあらわれる．座標成分を使って $x = (x_1, \ldots, x_n)$ および $f = (f_1, \ldots, f_n)$ とあらわすとき，(B.1) は
$$\frac{dx_k}{dt} = f_k(t, x_1, \ldots, x_n), \quad k = 1, \ldots, n$$
と書かれるから，(B.1) は t を独立変数とする n 個の未知関数 $x_1(t), \ldots, x_n(t)$ に関する正規型の1階連立常微分方程式に他ならない．

D の点 (t_0, x_0) に対して，(B.1) の解 $x(t)$ で

(B.2) $$x(t_0) = x_0$$

となるものを求める問題を，常微分方程式（系）の初期値問題といい，(B.2) を初期条件という．D 上の $\boldsymbol{R}^n$ 値関数 $f = f(t, x)$ に対して，ある正数 K が存在して，任意の $(t, x), (t, x') \in D$ について

$$\|f(t, x) - f(t, x')\| \leq K \|x - x'\|$$

がなりたつとき，f は x について**リプシッツ条件**をみたすといわれる．ここに，$\| \ \|$ は $\boldsymbol{R}^n$ におけるユークリッドノルムをあらわす．たとえば，D が凸な有界閉領域で，$f(t, x)$ が x について C^1 級ならば，x についてのリプシッツ条件はみたされることがわかる．

常微分方程式（系）の初期値問題に関して次がなりたつ．

定理 B.1. (解の存在と一意性)　$f(t, x)$ が D において連続，かつ x についてリプシッツ条件をみたすならば，任意の $(t_0, x_0) \in D$ に対して，初期条件 $x(t_0) = x_0$ をみたす (B.1) の解 $x(t)$ が一意的に存在する．

解 $x(t)$ の定義域は $\boldsymbol{R}$ のある開区間 $I = (a, b)$ $(-\infty \leq a < t_0 < b \leq +\infty)$ であり，a, b の値は一般に初期値に依存して定まる．また，連続関数 $x(t)$ が求める解であることと，$x(t)$ が積分方程式

$$x(t) = x_0 + \int_{t_0}^{t} f(u, x(u)) du$$

をみたすことは同値である．これより容易に次がわかる．

定理 B.2. (解の微分可能性)　$f(t, x)$ が D で C^k $(k \geq 1)$ 級ならば，解 $x(t)$ は I において C^{k+1} 級となる．とくに $f(t, x)$ が D で C^∞ 級ならば，解 $x(t)$ も I において C^∞ 級となる．

ある n 次正方行列 $A(t)$ と $b(t) \in \boldsymbol{R}^n$ によって，常微分方程式（系）が

(B.3) $$\frac{dx}{dt} = A(t)x + b(t)$$

とあらわされるとき**線形**であるという．このとき次がなりたつ．

定理 B.3. (解の存在範囲)　$A(t), b(t)$ が $\boldsymbol{R}$ の開区間 I において連続ならば，任意の $(t_0, x_0) \in I \times \boldsymbol{R}^n$ に対して，初期条件 $x(t_0) = x_0$ をみたす (B.3) の解 $x(t)$ が一意的に存在し，その定義域は I 全体となる．

$(t_0, x_0) \in \boldsymbol{R} \times \boldsymbol{R}^n$ に対して，D を

$$D = \{(t,x) \mid |t-t_0| \leq a, \|x-x_0\| \leq b\}$$

で定義される有界閉領域とし，ある正数 M に対して D 上で

$$\|f(t,x)\| \leq M, \quad (t,x) \in D$$

とする．このとき定理 B.1 の解 $x(t)$ は，次のようにして**逐次近似法**でえることができる．すなわち，

$$|t-t_0| \leq h = \min\left(a, \frac{b}{M}\right)$$

なる t に対して，$x^{(0)}(t) = x_0$ から始めて，$k = 1, 2, \ldots$ に対して

$$x^{(k)}(t) = x_0 + \int_{t_0}^t f\left(u, x^{(k-1)}(u)\right) du$$

と定義するとき，関数列 $\{x^{(k)}(t)\}$ は $k \to \infty$ のとき連続関数 $x(t)$ に一様に収束し，積分方程式

$$x(t) = x_0 + \int_{t_0}^t f(u, x(u)) du$$

をみたすことが確かめられる．

付 録 2

等周不等式の別証明

　第 2 章で考察した等周問題は,「あたえられた長さの単純閉曲線のなかで囲む面積が最大のものを求めよ」というものであった. この問題を長方形だけに限って考えると, 2 次式の最大値問題になる. すなわち, 長方形の周囲の長さを $4l$ とし, 縦の長さを x とすれば横の長さ y は $2l - x$ だから, その面積 A は

$$A = xy = x(2l - x)$$

となる. しかるに

$$x(2l - x) = 2lx - x^2 = l^2 - (l - x)^2 \leq l^2$$

だから, この長方形の面積 A は $x = l$ のとき, いいかえると正方形のときに最大となることがわかる.

　一方, 長方形の周囲の長さは $4l = 2(x + y)$ であるから, 上の不等式を書き直すと

$$xy \leq \left(\frac{x+y}{2}\right)^2.$$

すなわち

$$\sqrt{xy} \leq \frac{x+y}{2}$$

となるが, これは 2 つの正数 x, y の相加平均（算術平均）$(x+y)/2$ と相乗平均（幾何平均）$\sqrt{xy}$ を比較する不等式に他ならない. したがって, 相異なる正数の

相加平均は相乗平均より大きいという不等式は，幾何学的には「周囲の長さが一定な長方形のなかでは正方形が最大の面積をもつ」という事実を意味していることになる．

このように等周問題はいろいろな量の間の不等式と密接に関係する問題であり，現在では一般に等周問題や等周不等式というと，ある図形に対して定まる幾何学的量や物理的量の間になりたつ不等式，たとえばある種の微分作用素のその図形に関する境界値問題の固有値の間の不等式などを意味することが多い．ここではこのような等周問題と解析学との結びつきを示す例として，§11 で証明した等周不等式のフーリエ級数を利用した証明を紹介しよう．

まず次の不等式を証明しておこう．

補題 C.1. (ヴィルティンガーの不等式)　　$f(t)$ を周期 2π の C^1 級の周期関数とし，$\int_0^{2\pi} f(t)dt = 0$ とする．このとき

(C.1) $$\int_0^{2\pi} f'(t)^2 dt \geq \int_0^{2\pi} f(t)^2 dt$$

がなりたち，等号成立は

$$f(t) = a\cos t + b\sin t, \quad a, b \in \boldsymbol{R}$$

である場合に限る．

証明　　最初に，条件 $\int_0^{2\pi} f(t)dt = 0$ を仮定しなければ，$f(t)$ に定数を加えることにより，(C.1) の左辺の値を変えることなく右辺の値をいくらでも大きくできるので，この不等式は必ずしもなりたたないことに注意しておこう．

さて，$f(t)$ は周期 2π の C^1 級の周期関数なので，フーリエ級数

$$f(t) \sim \frac{a_0}{2} + \sum_{n=1}^{\infty}(a_n \cos nt + b_n \sin nt)$$

に展開できる．ここに

$$a_0 = \frac{1}{\pi}\int_0^{2\pi} f(t)dt, \quad a_n = \frac{1}{\pi}\int_0^{2\pi} f(t)\cos nt\, dt,$$
$$b_n = \frac{1}{\pi}\int_0^{2\pi} f(t)\sin nt\, dt, \quad n = 1, 2, \ldots$$

であり，また $f'(t)$ は項別微分により求めることができ

$$f'(t) \sim \sum_{n=1}^{\infty} (nb_n \cos nt - na_n \sin nt)$$

となる．

仮定より $\int_0^{2\pi} f(t)dt = 0$ であるから，$a_0 = 0$．したがって，フーリエ級数に関するパーセバルの等式より

$$\int_0^{2\pi} f(t)^2 dt = \sum_{n=1}^{\infty} (a_n^2 + b_n^2),$$

$$\int_0^{2\pi} f'(t)^2 dt = \sum_{n=1}^{\infty} n^2 (a_n^2 + b_n^2)$$

をえる．よって

$$\int_0^{2\pi} f'(t)^2 dt - \int_0^{2\pi} f(t)^2 dt = \sum_{n=1}^{\infty} (n^2 - 1)(a_n^2 + b_n^2) \geq 0$$

となり，(C.1) がえられる．

またこれより，等号がなりたつのは任意の $n > 1$ に対して $a_n = b_n = 0$ となるとき，すなわち $f(t) = a_1 \cos t + b_1 \sin t$ となるときに限ることもわかる． □

さて，$\alpha : I \to \mathbf{R}^2$ を定理 11.1 における正則な単純閉曲線としよう．α の長さを l，α の像によって囲まれる領域の面積を A とするとき，不等式

(C.2) $$l^2 \geq 4\pi A$$

がなりたち，等号成立は α の像が円周の場合に限ることを示せばよい．

α は弧長 s に比例したパラメーター

$$t = \frac{2\pi}{l} s, \quad s \in [0, l]$$

を用いて

$$\alpha(t) = (x(t), y(t)), \quad t \in [0, 2\pi]$$

とあらわされているとしよう．α は閉曲線なので，$x(0) = x(2\pi)$ かつ $y(0) = y(2\pi)$ であることに注意．また，α の像 $\alpha([0, 2\pi])$ を平行移動することにより，$\alpha([0, 2\pi])$ の重心の位置が y 軸上にくるように，すなわち

$$\int_0^{2\pi} x(t) dt = 0$$

となるようにしておく．

このとき，補題 11.1 より，$\alpha([0, 2\pi])$ の囲む領域の面積 A は

$$A = \int_0^{2\pi} x(t) y'(t) dt$$

であたえられる．また

$$x'(t)^2 + y'(t)^2 = \left\{\left(\frac{dx}{ds}\right)^2 + \left(\frac{dy}{ds}\right)^2\right\} \left(\frac{ds}{dt}\right)^2 = \left(\frac{l}{2\pi}\right)^2$$

であるから，

$$\int_0^{2\pi} (x'(t)^2 + y'(t)^2) dt = 2\pi \left(\frac{l}{2\pi}\right)^2 = \frac{l^2}{2\pi}$$

となる．したがって

$$l^2 - 4\pi A = 2\pi \int_0^{2\pi} \left(x'(t)^2 + y'(t)^2 - 2x(t)y'(t)\right) dt$$
$$= 2\pi \int_0^{2\pi} \left(x'(t)^2 - x(t)^2\right) dt + 2\pi \int_0^{2\pi} \left(x(t) - y'(t)\right)^2 dt$$

をえるが，右辺の第 2 項は明らかに ≥ 0．一方，右辺の第 1 項についても，補題 C.1 を $x(t)$ に適用して ≥ 0 となることがわかる．よって

$$l^2 - 4\pi A \geq 0.$$

すなわち (C.2) がなりたつ．

ここで等号がなりたつとすると，まず右辺の第 1 項と 補題 C.1 より

$$x(t) = a \cos t + b \sin t$$

となることがわかる．さらに，右辺の第 2 項より $y'(t) = x(t)$ をえるから

$$y(t) = a\sin t - b\cos t + c$$

でなければならない．したがって

$$x(t)^2 + (y(t) - c)^2 = a^2 + b^2$$

となり，α の像は円周に他ならないことがわかる．これが示すべきことであった．

あとがき

　本書は，まえがきにも述べたように，われわれに最も身近な図形である曲線を題材に，現代の幾何学における基本的な問題や考え方を紹介することを目的として書かれた．閉曲線の回転指数を軸に，曲線の大域的形状に関わる問題を大域の微分幾何学あるいは微分位相幾何学の立場からできるだけ丁寧に解説するよう心がけたが，その分叙述が冗長になった感は否めない．そのため取り扱った問題も決して多いとはいえないが，本書で紹介した問題と解法は幾何学的なものの見方の源泉として，21世紀においてもつねに幾何学の研究に刺激をあたえ続けるに違いないと思われる．

　本書では曲線のみを考察の対象とし，曲面やその一般化である多様体の幾何学についてはほとんど触れられていない．そこで，さらに進んで幾何学を勉強される読者のために，参考となる本をいくつかあげておこう．

　本書と同様の観点から曲線や曲面の幾何学を解説した本として，

[1] 松本幸夫：トポロジー入門，岩波書店，1985
[2] 小林一章：曲面と結び目のトポロジー ―基本群とホモロジー群― (すうがくぶっくす11)，朝倉書店，1992
[3] 小林昭七：曲線と曲面の微分幾何（改訂版），裳華房，1995
[4] 佐々木重夫：微分幾何学 ―曲面論―，岩波基礎数学選書，岩波書店，1991
[5] 長野　正：曲面の数学，培風館，1968
[6] S. S. Chern：Curves and Surfaces in Euclidean Spaces, in Global Differential

Geometry, *MAA Studies in Mathematics*, 99–139, **27**(1989)
[7]　M. do Carmo：Differential Geometry of Curves and Surfaces, Prentice Hall, 1976
[8]　H. Hopf：Differential Geometry in the Large, Lecture Notes in Mathematics 1000, Springer-Verlag, 1983

などがある．

このなかで，[1]と[2]は基本群についての説明も詳しく，閉曲面の基本群を計算するための有力な道具であるファン・カンペンの定理についても解説されている．

[3]～[5]は，本書に続いて曲面の微分幾何学的性質を勉強するのに好適の本である．[3]と[4]では大域の微分幾何学の立場から，ガウス・ボンネの定理や極小曲面の性質などが紹介されている．[5]はいわゆる教科書風の本ではないが，曲面を題材に現代数学の考え方が独特の観点から解説されていて楽しい．

[6]～[8]は英語で書かれているが，いずれも是非読むとよい本である．[6]のはじめには

> This article contains a treatment of some of the most elementary theorems in differential geometry in the large. They are the seeds for further developments and the subjects should have a promising future. We shall consider the simplest cases, where the geometrical ideas are most clear.

と書かれていて，数学書の規範ともいえる簡潔な語り口で，少ないページ数の中に多くの問題が要領よく解説されている．本書の第 2 章の内容の選択はこの本によるところが大きい．[7]は内容が豊富かつ大部な本なので，通読するよりも内容を選択して読むとよいと思う．[8]はホップのニューヨーク大学とスタンフォード大学における有名な講義録を合本したもので，幾何学的洞察力を養うのに適した本である．

曲線や曲面の一般化である多様体と，多様体の微分幾何学について書かれた本は数多くあるが，ここでは

[9]　松島与三：多様体入門，裳華房，1965
[10]　酒井　隆：リーマン幾何学，裳華房，1992

[11] 西川青季：幾何学的変分問題（岩波講座 現代数学の基礎 28），岩波書店，1998

のみをあげておこう．

　最後に本書の成り立ちの経緯について触れておきたい．本書は，最初このシリーズの編集者の一人である田村一郎先生がお書きになる予定で，私はその内のガウス・ボンネの定理に関する部分をお手伝いすることになっていた．田村先生の構想は，閉曲面（2 次元のコンパクトな多様体）を題材に多様体の幾何学の基礎を解説した後，微分位相幾何学と微分幾何学の話題を展開し，数学科の講義での標準的な教科書として使えるものを作るということであった．しかしその後，田村先生が他界され，大学における数学教育も，高等学校における新課程の実施や大学の大綱化（4 年一貫教育）を踏まえ大きく変貌し，本書の構想を何度か見直すこととなった．

　最終的に，曲線と曲面を題材に位相幾何学と微分幾何学が密接に関係し合う結果について解説し，多様体の幾何学の入り口までの道案内を目的として書き始めたが，著者の遅筆と能力の故に，結局は曲線のみを題材として現代の幾何学における基本的な問題や考え方を紹介することとなった．最初の構想に基づく曲面の幾何学の展開については，いずれ別の機会に実現したいと思う．

問題の解答

問題 1

1. 任意の $\epsilon > 0$ に対して，ある自然数 N が存在して，$n \geq N$ ならば $\max_{x \in [0,1]} |f(x) - P_n(x)| < \epsilon$ となることを示せばよい．

まず，二項定理より
$$\sum_{i=0}^{n} \binom{n}{i} p^i q^{n-i} = (p+q)^n.$$
この両辺を p で微分し，p/n を掛けると
$$\sum_{i=0}^{n} \frac{i}{n} \binom{n}{i} p^i q^{n-i} = p(p+q)^{n-1}.$$
再び両辺を p で微分し，p/n を掛けることにより
$$\sum_{i=0}^{n} \frac{i^2}{n^2} \binom{n}{i} p^i q^{n-i} = p^2 \left(1 - \frac{1}{n}\right)(p+q)^{n-2} + \frac{p}{n}(p+q)^{n-1}.$$
これらの式に $p = x, q = 1-x$ を代入して，次の 3 式をえる．

(1) $$\sum_{i=0}^{n} \binom{n}{i} x^i (1-x)^{n-i} = 1,$$

(2) $$\sum_{i=0}^{n} \frac{i}{n} \binom{n}{i} x^i (1-x)^{n-i} = x,$$

(3) $$\sum_{i=0}^{n} \frac{i^2}{n^2} \binom{n}{i} x^i (1-x)^{n-i} = x^2 \left(1 - \frac{1}{n}\right) + \frac{x}{n}.$$

$(1) \times x^2 - (2) \times 2x + (3)$ より

(4) $$\sum_{i=0}^{n} \left(\frac{i}{n} - x\right)^2 \binom{n}{i} x^i (1-x)^{n-i} = \frac{x(1-x)}{n}.$$

一方，閉区間 $[0,1]$ 上で f は一様連続であるから，任意の $\epsilon > 0$ に対して，$x \in [0,1]$ によらない $\delta > 0$ が存在して，$|x-y| < \delta$ ならば $|f(x) - f(y)| < \epsilon$ となる．ここで，自然数 N を
$$N^{-1/2} < \min\{\delta^2, \epsilon/(2\|f\|)\}$$
となるように選ぶ．ただし，$\|f\| = \max |f(x)|$．

さて，x を任意に固定して考える．$(1) \times f(x) - P_n(x)$ より
$$f(x) - P_n(x) = \sum_{i=0}^{n} \binom{n}{i} x^i (1-x)^{n-i} \left\{f(x) - f\left(\frac{i}{n}\right)\right\} = \sum_{i \in I} + \sum_{i \in J}.$$

ここで I, J は $\{1, 2, \ldots, n\}$ の部分集合であり，I は $|i/n - x| < n^{-1/4}$ を満たす i の集合，J はそれ以外の i の集合を表す．以下 $n \geq N$ とする．

$\sum_{i \in I}$ について．$|i/n - x| < n^{-1/4} < \delta$ より $|f(x) - f(i/n)| < \epsilon$．よって，(1) に注意して
$$\left|\sum_{i \in I}\right| = \sum_{i \in I} \binom{n}{i} x^i (1-x)^{n-i} \left|f(x) - f\left(\frac{i}{n}\right)\right|$$
$$< \epsilon \sum_{i \in I} \binom{n}{i} x^i (1-x)^{n-i} \leq \epsilon \sum_{i=0}^{n} \binom{n}{i} x^i (1-x)^{n-i} = \epsilon.$$

$\sum_{i \in J}$ について．$(i - nx)^2 = n^2 |i/n - x|^2 \geq n^{3/2}$．したがって，(4) に注意して
$$\left|\sum_{i \in J}\right| \leq 2\|f\| \sum_{i \in J} \binom{n}{i} x^i (1-x)^{n-i}$$
$$\leq 2\|f\| n^{-3/2} \sum_{i \in J} (i - nx)^2 \binom{n}{i} x^i (1-x)^{n-i}$$
$$\leq 2\|f\| n^{1/2} \sum_{i=0}^{n} \left(\frac{i}{n} - x\right)^2 \binom{n}{i} x^i (1-x)^{n-i}$$
$$= 2\|f\| n^{1/2} \frac{x(1-x)}{n} \leq 2\|f\| n^{-1/2}.$$

しかるに，$n^{-1/2} \leq N^{-1/2} < \epsilon/(2\|f\|)$ だから，$|\sum_{i \in J}| < \epsilon$．

以上をまとめて，$n \geq N$ ならば $|f(x) - P_n(x)| < 2\epsilon$. ϵ は x の取り方によらなかったので，結局
$$\max_{x \in [0,1]} |f(x) - P_n(x)| < 2\epsilon$$
となり，$P_n(x)$ は $f(x)$ に一様収束することがわかる．

2. X が弧状連結なので，x_0 から x_1 への道 γ が存在し，$f \circ \gamma$ は y を基点とする Y 内の閉じた道になる．ゆえに $[f \circ \gamma] \in \pi_1(Y, y)$．

f_* は準同型なので，$f_*(\pi_1(X, x_0))$ と $f_*(\pi_1(X, x_1))$ が $\pi_1(Y, y)$ の部分群になることは明らかであるが，さらに
$$[f \circ \gamma]^{-1} f_*(\pi_1(X, x_0))[f \circ \gamma] = f_*(\pi_1(X, x_1))$$
がなりたつ．実際，任意の $[\gamma_0] \in \pi_1(X, x_0)$ に対して
$$[f \circ \gamma]^{-1} [f \circ \gamma_0][f \circ \gamma] = f_*[\gamma^{-1} \cdot \gamma_0 \cdot \gamma].$$
ここで $\gamma^{-1} \cdot \gamma_0 \cdot \gamma$ は x_1 を基点とする閉じた道なので，$f_*[\gamma^{-1} \cdot \gamma_0 \cdot \gamma] \in f_*(\pi_1(X, x_1))$．したがって，$[f \circ \gamma]^{-1} f_*(\pi_1(X, x_0))[f \circ \gamma] \subset f_*(\pi_1(X, x_1))$．逆の包含関係も同様に確かめられる．

3. $n = 1$ のとき，A^1 は $\boldsymbol{R}^1$ 上の交わらない 2 つの集合になるが，それぞれが単連結なので，$\pi_1(A^1) = \{e\}$．

$n \geq 2$ のとき，原点を中心，半径 $r = (a+b)/2$ の球面 $S^{n-1}(r)$ に対し，A^n から $S^{n-1}(r)$ への写像 φ を
$$\varphi(x) := r \frac{x}{\|x\|}, \quad x \in A^n$$
で定義すると，φ は連続写像．$n \geq 2$ のとき A^n は弧状連結だから，基本群は基点の取り方によらない．そこで $x \in S^{n-1}(r) \subset A^n$ を基点として，連続写像 $\varphi : A^n \to S^{n-1}(r)$ から誘導される群準同型 $\varphi_* : \pi_1(A^n, x) \to \pi_1(S^{n-1}(r), x)$ を考える．このとき φ_* は全単射となることがわかる．実際，$\varphi_*([\gamma]) = e$ (e は単位元) とすれば，$\varphi \circ \gamma \simeq e_x$．一方
$$F(t, s) := (1 - s)\gamma(t) + sr \frac{\gamma(t)}{\|\gamma(t)\|}$$
とおけば，$F(t, s) \in A^n$ であり，F は γ と $\varphi \circ \gamma$ の間のホモトピーをあたえる．ゆえに $\gamma \simeq \varphi \circ \gamma \simeq e_x$．よって φ_* は単射．つぎに，任意の $[\tilde{\gamma}] \in \pi_1(S^{n-1}(r), x)$ に対して，$[\tilde{\gamma}] \in \pi_1(A^n, x)$，かつ φ の定義から $\varphi_*([\tilde{\gamma}]) = [\tilde{\gamma}]$．よって φ_* は全射．したがって，
$$\pi_1(A^n, x) \simeq \pi_1(S^{n-1}(r), x) \simeq \pi_1(S^{n-1}) = \begin{cases} \boldsymbol{Z}, & n = 2 \\ \{e\}, & n \geq 3. \end{cases}$$

(別解) A^n は $S^{n-1} \times (a,b)$ と位相同型であり，これらの空間の基本群は基点の取り方によらない．よって例題 5.2 より

$$\pi_1(A^n) \simeq \pi_1(S^{n-1}) \times \pi_1((a,b)) \simeq \pi_1(S^{n-1}) \times \{e\} \simeq \begin{cases} \boldsymbol{Z}, & n=2 \\ \{e\}, & n \geq 3. \end{cases}$$

注意． $S^{n-1}(r)$ が A^n の変位レトラクトで，包含写像 $i: S^{n-1}(r) \to A^n$ がホモトピー同値写像になることを用いれば，上のことは問題 10 の結果からも従う．

4. (1) 関数 $f(t) = (\pi/2)(t-a)/(b-a)$ と $\tan\theta$ との合成を $g: (a,b) \to (0,\infty)$ とする． $\psi(x) := g(\|x\|)x$ とおけば， ψ は問題 3 の A^n と $\boldsymbol{R}^n \setminus \{0\}$ との間の同相写像をあたえる．よって

$$\pi_1(\boldsymbol{R}^n \setminus \{0\}) = \pi_1(A^n) = \begin{cases} \boldsymbol{Z}, & n=2 \\ \{e\}, & n=1 \text{ または } n \geq 3. \end{cases}$$

(2) $n \geq 3$ とする．一般性を失うことなく取り除く $\boldsymbol{R}^1$ を x_1 軸としてよい． $X = \boldsymbol{R}^n \setminus x_1$ 軸， $Y = \{(0,x) \mid x \in \boldsymbol{R}^{n-1} \setminus \{0\}\}$ とおき， $\boldsymbol{R}^n$ から超平面 $\{x_1 = 0\}$ への直交射影を p とすれば $p: X \to Y$ は上への連続写像であり，任意の $x_0 \in Y$ に対して群準同型 $p_*: \pi_1(X,x_0) \to \pi_1(Y,x_0)$ を誘導する． p_* が全単射になることが問題 3 と同様にしてわかるので，(1) の結果から

$$\pi_1(X) = \pi_1(X,x_0) = \pi_1(Y,x_0) = \begin{cases} \boldsymbol{Z}, & n=3 \\ \{e\}, & n \geq 4. \end{cases}$$

(別解) $\boldsymbol{R}^n \setminus \boldsymbol{R}^1$ は $(\boldsymbol{R}^{n-1} \setminus \{0\}) \times \boldsymbol{R}^1$ と位相同型であり，これらの空間の基本群は基点の取り方によらない．よって例題 5.2 より

$$\pi_1(\boldsymbol{R}^n \setminus \boldsymbol{R}^1) \simeq \pi_1(\boldsymbol{R}^{n-1} \setminus \{0\}) \times \pi_1(\boldsymbol{R}) = \begin{cases} \boldsymbol{Z}, & n=3 \\ \{e\}, & n=1,2 \text{ または } n \geq 4. \end{cases}$$

5. (1) $p = (x_1,\ldots,x_{n+1}) \in S^n \setminus \{N\}$ に対して

$$\sigma(p) = \left(\frac{x_1}{1-x_{n+1}}, \ldots, \frac{x_n}{1-x_{n+1}}\right) \in \boldsymbol{R}^n$$

であるから， $\sigma: S^n \setminus \{N\} \to \boldsymbol{R}^n$ は全単射かつ連続．また， σ の逆写像 $\sigma^{-1}: \boldsymbol{R}^n \to S^n \setminus \{N\}$ は， $y = (y_1,\ldots,y_n) \in \boldsymbol{R}^n$ に対して

$$\sigma^{-1}(y) = \left(\frac{2y_1}{\|y\|^2+1}, \ldots, \frac{2y_n}{\|y\|^2+1}, \frac{\|y\|^2-1}{\|y\|^2+1}\right)$$

であたえられるから，これも連続．よって σ は同相写像である．

(2) S^n の回転により任意の $p \in S^n$ を北極 $N \in S^n$ に移すことができる．回転は同相写像であるから，これと N からの立体射影 $\sigma : S^n \setminus \{N\} \to \boldsymbol{R}^n$ を合成すれば，$S^n \setminus \{p\}$ が $\boldsymbol{R}^n$ と同位相であることがわかる．よって $S^n \setminus \{p\}$ は可縮であり単連結．

6. (1) $\boldsymbol{R}^1$ と $\boldsymbol{R}^2$ が同位相であると仮定し，$f : \boldsymbol{R}^1 \to \boldsymbol{R}^2$ を $\boldsymbol{R}^1$ から $\boldsymbol{R}^2$ への同相写像とする．このとき，$f|\boldsymbol{R}^1 \setminus \{0\}$ は $\boldsymbol{R}^1 \setminus \{0\}$ と $\boldsymbol{R}^2 \setminus \{f(0)\}$ の同相写像をあたえる．$\boldsymbol{R}^2 \setminus \{f(0)\}$ 上で $f(1)$ と $f(-1)$ は適当な道 γ で結ぶことができるから，$f^{-1} \circ \gamma$ は 1 と -1 を結ぶ $\boldsymbol{R}^1 \setminus \{0\}$ 内の道となる．一方，0 が除かれているので，$\boldsymbol{R}^1 \setminus \{0\}$ 内に 1 と -1 を結ぶ道は存在しない．これは矛盾．よって $\boldsymbol{R}^1$ と $\boldsymbol{R}^2$ は同位相ではない．

(2) $\boldsymbol{R}^2$ と $\boldsymbol{R}^n$ ($n \geq 3$) が同位相であると仮定し，$f : \boldsymbol{R}^2 \to \boldsymbol{R}^n$ を同相写像とする．このとき，$\boldsymbol{R}^2 \setminus \{0\}$ は $\boldsymbol{R}^n \setminus \{f(0)\}$ と位相同型になる．一方，問 4 (1) より，$\boldsymbol{R}^2 \setminus \{0\}$ および $\boldsymbol{R}^n \setminus \{f(0)\}$ の基本群はそれぞれ $\boldsymbol{Z}$ と $\{0\}$ であり，同型でないので矛盾．よって $\boldsymbol{R}^2$ と $\boldsymbol{R}^n$ ($n \geq 3$) は同位相ではない．

7. (以下の証明は中岡　稔著「位相数学入門」(朝倉書店，1971) §8.3 による．) $\boldsymbol{R}^n$ 内の有界凸閉集合 C が内点を含むとし，C の内点の集合を $\mathrm{Int}\, C$，境界を ∂C であらわす．

補題． $0 \in \mathrm{Int}\, C$ とする．$x \in \boldsymbol{R}^n \setminus \{0\}$ に対して，半直線 $\boldsymbol{R}_+ \ni s \mapsto sx \in \boldsymbol{R}^n$ と ∂C との交点を $r(x)$ とおく．このとき，x に $r(x)$ を対応させる対応は連続写像 $r : \boldsymbol{R}^n \setminus \{0\} \to \partial C$ を定め，次がなりたつ．

(1) $r|\partial C = \mathrm{id}_{\partial C} : \partial C \to \partial C$．
(2) $x \in C \setminus \{0\} \Rightarrow \|x\| \leq \|r(x)\|$．
(3) $x \in \boldsymbol{R}^n \setminus \{0\}$ と $k > 0$ に対し，$r(kx) = r(x)$．

この補題を仮定する．適当に C を平行移動することにより，$0 \in \mathrm{Int}\, C$ と仮定し，写像 $\varphi : C \to D^n$ を

$$\varphi(x) := \begin{cases} \dfrac{x}{\|r(x)\|}, & x \neq 0 \\ 0, & x = 0 \end{cases}$$

で定義する．φ が同相写像であることを示す．

まず，r の性質 (2) より

$$\|\varphi(x)\| \leq 1, \quad x \in \partial C \Rightarrow \|\varphi(x)\| = 1$$

であるから，C の像は D^n の中にあり，境界は境界に移ることに注意．また φ は原点以外では明らかに連続．一方，十分小さい $\epsilon > 0$ と $x \in C$ に対して

$$\|\varphi(\epsilon x) - \varphi(0)\| = \frac{\epsilon \|x\|}{\|r(x)\|} \leq \epsilon$$

となるので原点でも連続．よって φ は C から D^n への連続写像である．

明らかに $\varphi^{-1}(0) = \{0\}$．さて $\varphi(x_1) = \varphi(x_2)$ とすれば，$x_1/\|r(x_1)\| = x_2/\|r(x_2)\|$．$r$ の性質 (3) から，$\|r(x_1)\| = \|r(x_2)\|$ であるので，結局 $x_1 = x_2$．したがって φ は単射．

次に，任意の $y \in D^n \setminus \{0\}$ に対して，$x = \|y\|r(y)$ とおく．$r(x) = r(y)$ に注意．C の凸性と $r(y) \in \partial C$ かつ $\|y\| \leq 1$ から，$x \in C$．また r の定義から，ある正の数 s があって $r(y) = sy$．よって $r(x) = r(y)$ となることに注意して

$$\varphi(x) = \frac{x}{\|r(x)\|} = \frac{\|y\|sy}{\|sy\|} = y$$

をえる．したがって φ は全射．以上から φ は連続な全単射であることがわかる．しかるに，C はコンパクト集合で D^n はハウスドルフ空間であるから，$\varphi : C \to D^n$ は閉写像．これは $\varphi^{-1} : D^n \to C$ が連続な写像であることを意味する．ゆえに $\varphi : C \to D^n$ は同相写像．

8.（定理 5.1 の証明参照）A, B および $A \cap B$ が弧状連結であるから，$X = A \cup B$ 内の任意の点は $x_0 \in A \cap B$ と道で結ぶことができる．よって X の基本群は基点の取り方によらない．γ を $x_0 \in A \cap B$ を基点とする X の閉じた道とし，γ が A 内の閉じた道とホモトープになることを示す．

閉区間 $[0,1]$ の分割 $0 = t_0 < t_1 < \cdots < t_m = 1$，$I_i = [t_{i-1}, t_i]$ を $\gamma(I_i)$ が A あるいは B に含まれるようにとる．さらに $\gamma(I_i) \subset A$ ならば $\gamma(I_{i+1}) \subset B$ であると仮定する．$\gamma(I_i) \subset B$ となる I_i に対して，$\gamma(t_{i-1}), \gamma(t_i) \in A \cap B$ であり，$A \cap B$ が弧状連結なので，これらを結ぶ $A \cap B$ 内の道 γ_i が存在する．B が単連結なので，$\gamma|I_i$ と γ_i はホモトープである．X 内の道 $\tilde{\gamma}$ を

$$\tilde{\gamma}(t) := \begin{cases} \gamma(t), & t \in I \setminus I_i \\ \gamma_i(t), & t \in I_i \end{cases}$$

で定義する．問 1.3 から $\tilde{\gamma}$ は連続な道になり，さらに γ とホモトープで $\tilde{\gamma}(I_i) \subset A$ となる．以上の置き換えを $\gamma(I_i) \subset B$ となるすべての i について行えば最終的に γ は A 内の道 $\tilde{\gamma}$ とホモトープになる．A が単連結なので，$\tilde{\gamma}$ したがって γ は零ホモトープ．ゆえに X は単連結．

9. 任意の $[\gamma] \in \pi_1(X, x)$ に対して，$f \circ \gamma \simeq g \circ \gamma$ をいえばよい．

$$\bar{H}(t, s) := H(\gamma(t), s), \quad (t, s) \in [0, 1] \times [0, 1]$$

とおくと $\bar{H}$ は連続写像で $\bar{H}(t, 0) = (f \circ \gamma)(t)$ かつ $\bar{H}(t, 1) = (g \circ \gamma)(t)$．よって，この $\bar{H}$ が $f \circ \gamma$ と $g \circ \gamma$ の間のホモトピーをあたえる．

10. 簡単のため X と Y は弧状連結とする.

補題. $\varphi, \psi : X \to Y$ を互いにホモトープな連続写像, $x_0 \in X$ に対して l を $\varphi(x_0)$ から $\psi(x_0)$ への Y 内の道とすれば

$$\psi_* = l_* \circ \varphi_* : \pi_1(X, x_0) \to \pi_1(Y, \psi(x_0))$$

がなりたつ. ここで l_* は定理 2.2 の証明中に用いた写像.

補題の略証. 任意の $[\gamma] \in \pi_1(X, x_0)$ に対して $[\psi \circ \gamma] = l_*[\varphi \circ \gamma]$, すなわち $\psi \circ \gamma \simeq l^{-1} \cdot (\varphi \circ \gamma) \cdot l$ を示せばよい. $H : X \times [0,1] \to Y$ を ψ から φ へのホモトピー写像とする. H は連続写像で, $H(x, 0) = \psi(x)$ かつ $H(x, 1) = \varphi(x)$, また $H(x_0, \cdot) = l(\cdot) : [0, 1] \to Y$ であることに注意.

いま $K : [0, 1] \times [0, 1] \to Y$ を

$$K(t, s) := \begin{cases} H(\gamma(0), 4t) \ (= l(4t)), & 0 \leq t \leq s/4 \\ H\left(\gamma\left(\dfrac{t - s/4}{1 - s/2}\right), s\right), & s/4 \leq t \leq 1 - s/4 \\ H(\gamma(1), 4 - 4t) \ (= l(4 - 4t)), & 1 - s/4 \leq t \leq 1 \end{cases}$$

で定義すれば, K は連続写像で

$$K(t, 0) = (\psi \circ \gamma)(t), \quad K(t, 1) = (l^{-1} \cdot (\varphi \circ \gamma) \cdot l)(t)$$

をみたす. よって $\psi \circ \gamma \simeq l^{-1} \cdot (\varphi \circ \gamma) \cdot l$.

さて問題の解答に入る. 2 つの場合に分けて考える.

(1) $x \in g(Y)$ の場合. このとき $x = g(y)$ となる点 $y \in Y$ が少なくとも一つ存在する. $g_* : \pi_1(Y, y) \to \pi_1(X, x)$ と $f_* : \pi_1(X, x) \to \pi_1(Y, f(x))$ の合成

$$f_* \circ g_* : \pi_1(Y, y) \to \pi_1(Y, f(x))$$

を考える (必ずしも $f(x) = y$ でないことに注意). 仮定から $f \circ g \simeq \mathrm{id}_Y$ であり, l を y から $f(x)$ への Y 内の道とすれば, 補題より

$$(f \circ g)_* = l_* \circ (\mathrm{id}_Y)_* = l_*.$$

ゆえに $f_* \circ g_* = l_*$. ここで l_* は同型写像であったので, とくに全射. よって f_* も全射.

次に $f_* : \pi_1(X, x) \to \pi_1(Y, f(x))$ と $g_* : \pi_1(Y, f(x)) \to \pi_1(X, g(f(x)))$ の合成

$$g_* \circ f_* : \pi_1(X, x) \to \pi_1(X, g(f(x)))$$

を考える．仮定から $g \circ f \simeq \mathrm{id}_X$ であり，$\tilde{l}$ を x から $g(f(x))$ への X 内の道とすれば，同様にして
$$(g \circ f)_* = \tilde{l}_* \circ (\mathrm{id}_X)_* = \tilde{l}_*.$$
ゆえに $g_* \circ f_* = \tilde{l}_*$．ここで $\tilde{l}_*$ は同型写像であったので，とくに単射．よって f_* も単射．以上から $f_* : \pi_1(X, x) \to \pi_1(Y, f(x))$ は同型写像である．

(2) $x \notin g(Y)$ の場合．$x_0 \in g(Y)$ を任意に固定し，x から x_0 への X 内の道を m とする．このとき (1) から
$$f_* : \pi_1(X, x_0) \to \pi_1(Y, f(x_0))$$
は同型写像．よって $(f \circ m)_*^{-1} \circ f_* \circ m_* : \pi_1(X, x) \to \pi_1(Y, f(x))$ は同型写像．この写像と $f_* : \pi_1(X, x) \to \pi_1(Y, f(x))$ が一致する，すなわち $f_* = (f \circ m)_*^{-1} \circ f_* \circ m_*$ がなりたつ．

実際，任意の $[\gamma] \in \pi_1(X, x)$ に対して
$$(f_* \circ m_*)([\gamma]) = [(f \circ m^{-1}) \cdot (f \circ \gamma) \cdot (f \circ m)]$$
$$= [(f \circ m)^{-1} \cdot (f \circ \gamma) \cdot (f \circ m)] = ((f \circ m)_* \circ f_*)([\gamma]).$$
よって $f_* \circ m_* = (f \circ m)_* \circ f_*$．ゆえに，$f_* : \pi_1(X, x) \to \pi_1(Y, f(x))$ は同型写像．

問題 2

1. (1) α の像が $y = |x|$ のグラフと一致すること，および $t \neq 0$ において α が滑らかなことは明らか．$t = 0$ における α の微分可能性を調べればよい．まず，ある $3n$ 次の多項式 P_n が存在して
$$\frac{d^n}{dt^n} e^{-1/t^2} = P_n(t^{-1}) e^{-1/t^2}$$
となることに注意．これは数学的帰納法により容易に確かめられる．一方，ロピタルの定理から任意の非負整数 N に対して $\lim_{t \to \pm 0} t^{-N} e^{-1/t^2} = 0$ をえる．したがって $\lim_{t \to \pm 0} P_n(t^{-1}) e^{-1/t^2} = 0$．よって
$$\lim_{t \to \pm 0} \alpha^{(n)}(t) = (0, 0)$$
がなりたち，とくに α は $t = 0$ でも連続であることがわかる．

次に α が $t = 0$ においても滑らかであり，$\alpha^{(n)}(0) = (0, 0)$ となることを数学的帰納法により示す．$n = 0$ のときはすでに示したので，$n = k$ のとき $\alpha^{(k)}(0) = (0, 0)$ がな

りたつと仮定する．このとき，ロピタルの定理から

$$\lim_{t\to +0}\frac{\alpha^{(k)}(t)-\alpha^{(k)}(0)}{t}=\lim_{t\to +0}t^{-1}\left(P_k(t^{-1})e^{-1/t^2},P_k(t^{-1})e^{-1/t^2}\right)=(0,0),$$

$$\lim_{t\to -0}\frac{\alpha^{(k)}(t)-\alpha^{(k)}(0)}{t}=\lim_{t\to -0}t^{-1}\left(-P_k(t^{-1})e^{-1/t^2},P_k(t^{-1})e^{-1/t^2}\right)=(0,0).$$

したがって $\alpha^{(k+1)}(0)$ が存在して，$\alpha^{(k+1)}(0)=(0,0)$ となることがわかる．しかるに $\lim_{t\to\pm 0}\alpha^{(k+1)}(t)=(0,0)$ であるから，これより α は C^{k+1} 級．k は任意なので，結局 α は $t=0$ においても滑らかとなることがわかる．

一方，$\alpha'(0)=(0,0)$ となるので，α は正則な曲線ではない．

(2) $\beta(t)=(x(t),y(t))$ が $y=|x|$ のグラフの正則なパラメーター表示をあたえていると仮定する．パラメーターを定数だけずらすことにより $\beta(0)=(0,0)$ としてよい．β は正則な曲線なので $\beta'(0)\neq 0$. したがって $x'(0)\neq 0$ あるいは $y'(0)\neq 0$ となる．

$y'(0)\neq 0$ とすると，$y=0$ の近傍で $y=y(t)$ の逆関数 $t=t(y)$ が存在するから，$(0,0)$ の近傍で $x=x(t)$ は y の関数として $x=x(t(y))$ とあらわされる．これは十分小さい正数 y に対して $y=|x|$ となる x が一意的に定まることを意味し，$y=|x|$ の定義に矛盾する．

$x'(0)\neq 0$ とすると，$x=0$ の近傍で $x=x(t)$ の逆関数 $t=t(x)$ が存在するから，$(0,0)$ の近傍で $y=y(t)$ は x の関数として $y=y(t(x))$ とあらわされ，作り方から明らかに $y(t(x))=|x|$ となる．β は正則な曲線であったので，x の関数 $y=y(t(x))$ は $x=0$ の近傍で滑らか．一方，$y=|x|$ は $x=0$ で微分可能ではない．これは矛盾．

ゆえに $y=|x|$ のグラフを正則で滑らかな曲線とするパラメーター表示は存在しない．

2. (1) v は定ベクトルであるから $\langle\alpha(t),v\rangle'=\langle\alpha'(t),v\rangle$. したがって，コーシー・シュワルツの不等式 $|\langle\alpha'(t),v\rangle|\leq\|\alpha'(t)\|\|v\|$ と $\|v\|=1$ に注意して

$$\langle q-p,v\rangle=\int_a^b\frac{d}{dt}\langle\alpha(t),v\rangle dt=\int_a^b\langle\alpha'(t),v\rangle dt\leq\int_a^b\|\alpha'(t)\|dt.$$

(2) 単位ベクトルとして $v=(q-p)/\|q-p\|$ をえらべば，(1) より

$$\|q-p\|\leq\int_a^b\|\alpha'(t)\|dt.$$

3. (1) は定義より容易．

(2) s を弧長パラメーターとすると $ds/dt=\|\alpha'(t)\|$. 一方，定義より $e_1(t)=\alpha'(t)/\|\alpha'(t)\|$ であるから

$$\frac{d}{ds}e_1(t)=\|\alpha'(t)\|^{-1}\left(-\langle\alpha''(t),\alpha'(t)\rangle\|\alpha'(t)\|^{-3}\alpha'(t)+\|\alpha'(t)\|^{-1}\alpha''(t)\right).$$

したがって，(1) と $\langle \alpha', e_2 \rangle = 0$ に注意して

$$\kappa(t) = \left\langle \frac{d}{ds} e_1(t), e_2(t) \right\rangle = \|\alpha'(t)\|^{-2} \langle \alpha''(t), e_2(t) \rangle$$

$$= \|\alpha'(t)\|^{-3} (x'(t)y''(t) - x''(t)y'(t))$$

$$= \frac{x'(t)y''(t) - x''(t)y'(t)}{(x'(t)^2 + y'(t)^2)^{3/2}} = \frac{|\alpha'(t)\ \alpha''(t)|}{\|\alpha'(t)\|^3}.$$

ここに $|\alpha'(t)\ \alpha''(t)|$ は $\alpha'(t), \alpha''(t)$ を列ベクトルとする行列式をあらわす．

一方，$x'(t) \neq 0$ のとき

$$\frac{d}{dt}\left[\arctan \frac{y'(t)}{x'(t)}\right] = \frac{y''(t)x'(t) - x''(t)y'(t)}{x'(t)^2 + y'(t)^2}$$

であるから，

$$\kappa(t) = \frac{1}{\|\alpha'(t)\|} \frac{d}{dt}\left[\arctan \frac{y'(t)}{x'(t)}\right].$$

4. $\alpha'(s) = (\cos\theta(s), \sin\theta(s))$ より，任意の $s \in I$ に対して $\|\alpha'(s)\| = 1$．よって s は弧長パラメーター．また，$e_2(s) = (-\sin\theta(s), \cos\theta(s))$ なので

$$e_1'(s) = \theta'(s)(-\sin\theta(s), \cos\theta(s)) = \theta'(s) e_2(s) = \kappa(s) e_2(s).$$

したがって α の曲率は κ であたえられる．

5. 凸閉曲線 $\alpha : I = [0, l] \to \mathbf{R}^2$ が単純閉曲線ではない，すなわち $s_1, s_2 \in [0, l)$ ($s_1 < s_2$) で $\alpha(s_1) = \alpha(s_2)$ となるものが存在すると仮定する．L を点 $\alpha(s_1)$ における α の接線とし，$h(s) = \langle \alpha(s) - \alpha(s_1), e_2(s_1) \rangle$ とおく．$h(s_2) = 0$ であるから，$h'(s_2) \neq 0$ ならば，ある $s_3, s_4 \in [0, l)$ ($s_3 < s_2 < s_4$) が存在して $h(s_3)h(s_4) < 0$ となるが，これは $\alpha(s_3)$ と $\alpha(s_4)$ が接線 L の互いに反対側にあることを意味し，α の凸性に矛盾する（下図左）．したがって $h'(s_2) = 0$．すなわち点 $\alpha(s_1)$ と $\alpha(s_2)$ における α の接線は一致する（下図右）．

よって，ある t_0 が存在して

$$\begin{cases} h(s_1 + t) > h(s_2 + t) \ (t \in [0, t_0]), \text{あるいは} \\ h(s_1 + t) < h(s_2 + t) \ (t \in [0, t_0]) \end{cases}$$

のいずれか一方のみが成立する（もしある $t_1 > 0$ が存在して，$0 \leq t \leq t_1$ に対して $\alpha(s_1 + t) = \alpha(s_2 + t)$ となるならば，$s_1 + t_1$ をあらためて s_1 ととる）．$h(s_1 + t) > h(s_2 + t)$ ($t \in [0, t_0]$) と仮定しても一般性を失わない．このとき，$\alpha(s_1 + t_2)$ ($t_2 \in (0, t_0])$

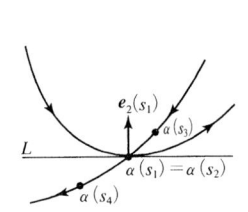

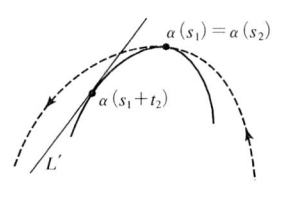

図 53

における α の接線 L' は $\alpha(s_1 + t_2)$ 以外で α と交わる．これは α が凸閉曲線であることに矛盾する．ゆえに凸閉曲線は単純閉曲線となる．

6. まず，α が凸閉曲線であると仮定する．D が凸集合でないとすれば，2 点 $x, y \in D$ で $\{l(t) = (1-t)x + ty \mid t \in [0,1]\} \not\subset D$ となるものが存在する．したがって，ある $t_1 \in (0,1)$ で $l(t_1) \in \alpha(I)$ かつ $l([0,t_1)) \subset D$ となるものがとれる．x, y を通る直線を L とするとき，L は $l(t_1)$ において $\alpha(I)$ と接することはない．実際，もし L が $l(t_1)$ における α の接線であれば，x が D の内点であるから L の両側に D の点が存在する．一方，$\alpha(I)$ が D の境界なので，L の両側に必ず $\alpha(I)$ の点が存在することになり，$\alpha(I)$ が凸閉曲線であることに矛盾する．

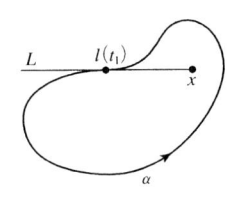

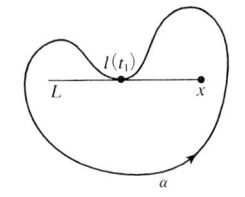

図 54

よって，ある $t_2 \in (t_1, 1)$ が存在して $l(t_2) \in \alpha(I)$ かつ $l((t_1, t_2))$ は D の外部に含まれる．さらに $l(t)$ を $t < 0$ の方向へ延ばせば，D が有界集合であることから，ある $t_0 < 0$ で $l(t_0) \in \alpha(I)$ となるものが存在する．すなわち L は $\alpha(I)$ と少なくとも 3 点で交わる．ゆえに系 10.1 から $l([t_0, t_2]) \subset \alpha(I)$ がなりたつ．したがって，とくに $l((t_1, t_2)) \subset \alpha(I)$ であるが，これは $l((t_1, t_2))$ が D の外部に含まれることに矛盾する．ゆえに D は凸集合である．

次に，領域 D が凸集合であるとする．α は正の向きにパラメーター表示されており，かつ $\kappa(0) > 0$ であると仮定する．α が凸閉曲線でないとすれば，定理 10.1 から，あ

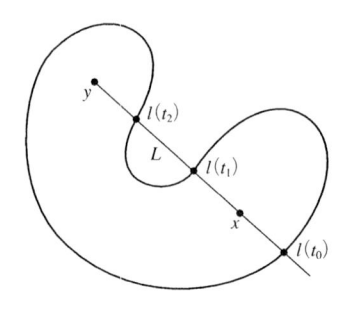

図 55

る $s_1 \in I$ が存在して,適当な $\epsilon > 0$ に対して $\kappa(s) \geq 0$ $(0 \leq s < s_1)$, $\kappa(s_1) = 0$ かつ $\kappa(s) < 0$ $(s_1 < s < s_1 + \epsilon)$ とできる.$I = [0, l]$ とすれば,$\kappa(l) \geq 0$ であるから,$s_2 \in I$ で $\kappa(s) < 0$ $(s_1 < s < s_2)$ かつ $\kappa(s_2) = 0$ となるものが存在する.このとき,L を $\alpha(s_1)$ と $\alpha(s_2)$ を結ぶ線分とすれば,L は両端を除いて D の外部に属する.実際,もし $(L - \{\alpha(s_1), \alpha(s_2)\}) \cap \overline{D} \neq \emptyset$ であるとすると,$\sharp(L \cap \alpha(I)) \geq 3$ となるが,系 10.1 より,$L \subset \alpha(I)$ すなわち $\kappa(s) = 0$ $(s_1 < s < s_2)$ となり矛盾.

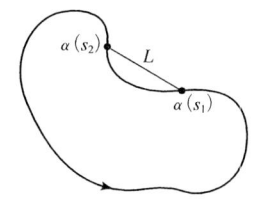

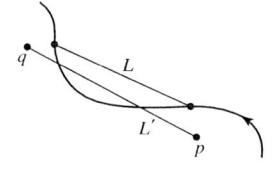

図 56

さて,$l(t) = (1-t)\alpha(s_1) + t\alpha(s_2)$ $(0 \leq t \leq 1)$ とし,

$$\rho_0 = \max\{\|\alpha(s) - l(t)\| \mid s_1 \leq s \leq s_2, \; 0 \leq t \leq 1\}$$

とおく.$\rho_0 > 0$,かつ適当な $\delta_0 > 0$ をえらべば,$\alpha(s_1) + \delta e_2(s_1)$, $\alpha(s_2) + \delta e_2(s_2) \in D$ が $0 < \delta < \delta_0$ に対してなりたつことに注意.いま ϵ_0 を $0 < \epsilon_0 < \min\{\rho_0, \delta_0\}$ となるようにえらび,$p = \alpha(s_1) + \epsilon_0 e_2(s_1)$ および $q = \alpha(s_2) + \epsilon_0 e_2(s_2)$ とおけば,$p, q \in D$. また p と q を結ぶ線分を L' とおけば,L' は D に含まれない.これは D が凸集合であることに矛盾.よって α は凸閉曲線である.

7. 正則な空間曲線 $\alpha : I \to \mathbf{R}^3$ の像 $\alpha(I)$ が $\mathbf{R}^3$ 内のある直線に含まれるならば,各

点 $\alpha(s)$ $(s \in I)$ における α の接線は $\alpha(I)$ と一致するので，これらが共通の一点を通ることは明らか．

逆に，α の各点 $\alpha(s)$ $(s \in I)$ における接線が共通の一点 $p_0 \in \mathbf{R}^3$ を通ると仮定する．$\alpha = \alpha(s)$ を弧長 s による α のパラメーター表示とするとき，点 $\alpha(s)$ における α の接線のベクトル方程式は λ をパラメーターとして $\lambda \alpha'(s) + \alpha(s)$ であたえられる．仮定より，任意の $s \in I$ に対してこの接線が点 p_0 を通るので，ある関数 $\lambda = \lambda(s)$ が存在して $\lambda(s)\alpha'(s) + \alpha(s) = p_0$ となる．ここで $\lambda(s) = \langle p_0, \alpha'(s) \rangle - \langle \alpha(s), \alpha'(s) \rangle$ であるから，$\lambda = \lambda(s)$ は s について滑らかな関数．そこで $\lambda(s)\alpha'(s) + \alpha(s) = p_0$ を s で微分すると $\lambda(s)\alpha''(s) + (\lambda'(s)+1)\alpha'(s) = 0$ をえる．これと $\alpha''(s)$ との内積をとることにより，$\lambda(s)\|\alpha''(s)\|^2 = 0$ がわかる．

さて，ある開区間 $J \subset I$ 上で $\lambda(s) = 0$ ならば，J 上で $\alpha(s) = p$ であるから $\alpha'(s) = 0$ $(s \in J)$ となるが，これは $\|\alpha'(s)\| = 1$ に矛盾する．$\alpha = \alpha(s)$ は滑らかな関数であるから，これより結局 I 上で $\alpha''(s) = 0$ でなければならないことがわかる．よって，ある単位ベクトル $\boldsymbol{c} \in \mathbf{R}^3$ と定ベクトル $\boldsymbol{d} \in \mathbf{R}^3$ が存在して $\alpha(s) = s\boldsymbol{c} + \boldsymbol{d}$ となる．すなわち α の像は直線に含まれる．

8. (1) α のパラメーターを定数だけずらすことにより，$\alpha(0)$ において問題の条件が成り立っていると仮定する．平面 P の法ベクトルを $\boldsymbol{n}$ とし，$h(s) = \langle \alpha(s) - \alpha(0), \boldsymbol{n} \rangle$ とおく．このとき $h(0) = 0$．また P が $\alpha(0)$ における α の接線を含んでいるので $h'(0) = 0$，すなわち $\langle \alpha'(0), \boldsymbol{n} \rangle = 0$ がなりたつ．

さて仮定から，任意の $\epsilon > 0$ に対して，ある $s_1, s_2 \in \mathbf{R}$ で $|s_1| < \epsilon, |s_2| < \epsilon$ かつ $h(s_1)h(s_2) < 0$ をみたすものが存在する．

このとき $h''(0) = 0$ となることを示そう．これが示せれば，$0 = h''(0) = \langle \alpha''(0), \boldsymbol{n} \rangle$ と $\langle \alpha'(0), \alpha''(0) \rangle = \langle \alpha'(0), \boldsymbol{n} \rangle = 0$ から $\alpha'(0)$ と $\alpha''(0)$ が平面 P を張ることがわかる ($\kappa(s) > 0$ から $\alpha''(s) \neq 0$ であることに注意)．これは $\boldsymbol{e}_1(0)$ と $\boldsymbol{e}_2(0)$ が平面 P を張ることを意味する．よって P は接触平面に他ならないことがわかる．

さて $h''(0) > 0$ であると仮定すると，h は $s = 0$ で極小値をとるから，ある $\epsilon > 0$ が存在して任意の s $(0 < |s| < \epsilon)$ に対して $h(s) > 0$ となる．これは先程の条件に矛盾する．$h''(0) < 0$ の場合も同様であるから，結局 $h''(0) = 0$ でなければならない．

(2) 3点 $\alpha(s_0), \alpha(s_0 + h_1), \alpha(s_0 + h_2)$ を通る平面の単位法ベクトルを $\boldsymbol{n}(h_1, h_2)$ とし，
$$f(s) = \langle \alpha(s) - \alpha(s_0), \boldsymbol{n}(h_1, h_2) \rangle$$
とおく．f は滑らかな関数であり $f(s_0) = f(s_0 + h_1) = f(s_0 + h_2) = 0$ となるので，平均値の定理から，ある $\theta_1 \in (s_0, s_0 + h_1)$ (あるいは $\theta_1 \in (s_0 + h_1, s_0)$) と

$\theta_2 \in (s_0, s_0+h_2)$ （あるいは $\theta_2 \in (s_0+h_2, s_0)$) が存在して $f'(\theta_1) = f'(\theta_2) = 0$, すなわち $\langle \alpha'(\theta_1), \boldsymbol{n}(h_1,h_2)\rangle = \langle \alpha'(\theta_2), \boldsymbol{n}(h_1,h_2)\rangle = 0$ となる.

したがって，ふたたび平均値の定理より，θ_1 と θ_2 の間に η が存在して $f''(\eta) = 0$, すなわち $\langle \alpha''(\eta), \boldsymbol{n}(h_1,h_2)\rangle = 0$ となることがわかる．ここで $h_1, h_2 \to 0$ のとき $\theta_1, \theta_2, \eta \to s_0$ であるから，$\boldsymbol{n} = \lim_{h_1,h_2 \to 0} \boldsymbol{n}(h_1,h_2)$ とおくとき，

$$\langle \alpha'(s_0), \boldsymbol{n}\rangle = \langle \alpha''(s_0), \boldsymbol{n}\rangle = 0.$$

また $\kappa(s_0) > 0$ より $\alpha''(s_0) \neq 0$. よって，3 点 $\alpha(s_0), \alpha(s_0+h_1), \alpha(s_0+h_2)$ を通る平面は，$\alpha(s_0)$ を通り $\alpha'(s_0)$ と $\alpha''(s_0)$ で張られる平面に収束するが，これは $\alpha(s_0)$ における α の接触平面に他ならない．

9. $c(s) = \alpha(s) + \rho(s)\boldsymbol{e}_2(s) + \rho'(s)\sigma(s)\boldsymbol{e}_3(s)$ とおくとき，フレネ・セレーの公式より

$$\begin{aligned}
c'(s) &= \boldsymbol{e}_1(s) + \rho'(s)\boldsymbol{e}_2(s) + \rho(s)(-\kappa(s)\boldsymbol{e}_1(s) + \tau(s)\boldsymbol{e}_3(s)) \\
&\quad + \rho''(s)\sigma(s)\boldsymbol{e}_3(s) + \rho'(s)\sigma'(s)\boldsymbol{e}_3(s) + \rho'(s)\sigma(s)(-\tau(s)\boldsymbol{e}_2(s)) \\
&= (1 - \rho(s)\kappa(s))\boldsymbol{e}_1(s) + \rho'(s)(1 - \sigma(s)\tau(s))\boldsymbol{e}_2(s) \\
&\quad + (\rho(s)\tau(s) + \rho''(s)\sigma(s) + \rho'(s)\sigma'(s))\boldsymbol{e}_3(s) \\
&= \sigma(s)^{-1}(\rho(s) + \rho''(s)\sigma^2(s) + \rho'(s)\sigma(s)\sigma'(s))\boldsymbol{e}_3(s)
\end{aligned}$$

をえる．ここで条件式 $\rho^2(s) + (\rho'\sigma)^2(s) = r^2$ の両辺を微分すると

$$(\rho(s) + \rho''(s)\sigma^2(s) + \rho'(s)\sigma(s)\sigma'(s))\rho'(s) = 0.$$

一方，仮定 $\kappa'(s) \neq 0$ より $\rho'(s) \neq 0$. よって

$$\rho(s) + \rho''(s)\sigma^2(s) + \rho'(s)\sigma(s)\sigma'(s) = 0.$$

これを上式へ代入することにより，すべての $s \in I$ に対して $c'(s) = 0$ をえる．したがって，$c(s)$ は $\boldsymbol{R}^3$ 内の定点 p であることがわかる．このとき，点 p から曲線 α 上の点 $\alpha(s)$ へ向かうベクトルは

$$\alpha(s) - p = -\rho(s)\boldsymbol{e}_2(s) - \rho'(s)\sigma(s)\boldsymbol{e}_3(s)$$

であたえられ，$\langle \boldsymbol{e}_2(s), \boldsymbol{e}_3(s)\rangle = 0$ と条件式 $\rho^2(s) + (\rho'\sigma)^2(s) = r^2$ よりその長さはつねに r となる．ゆえに α の像は点 p を中心とする半径 r の球面に含まれる.

10. s を弧長パラメーターとするとき，問題 3 の解でみたように

$$d\boldsymbol{e}_1(t)/ds = -\langle \alpha''(t), \alpha'(t)\rangle \|\alpha'(t)\|^{-4} \alpha'(t) + \|\alpha'(t)\|^{-2} \alpha''(t)$$

がなりたつ．したがって
$$\kappa(t)^2 = \|d\boldsymbol{e}_1(t)/ds\|^2 = \|\alpha'(t)\|^{-6}\left(\|\alpha'(t)\|^2\|\alpha''(t)\|^2 - \langle\alpha'(t),\alpha''(t)\rangle^2\right).$$
ここで，$\|\alpha'(t)\|^2\|\alpha''(t)\|^2 - \langle\alpha'(t),\alpha''(t)\rangle^2 = \|\alpha'(t) \times \alpha''(t)\|^2$ より
$$\kappa(t) = \|\alpha'(t) \times \alpha''(t)\|/\|\alpha'(t)\|^3.$$
また，$\kappa(t) \neq 0$ のとき
$$\boldsymbol{e}_2(t) = \frac{1}{\kappa(t)}\frac{d}{ds}\boldsymbol{e}_1(t) = \frac{-\langle\alpha'(t),\alpha''(t)\rangle\alpha'(t) + \|\alpha'(t)\|^2\alpha''(t)}{\kappa(t)\|\alpha'(t)\|^4}.$$
したがって
$$\boldsymbol{e}_3(t) = \boldsymbol{e}_1(t) \times \boldsymbol{e}_2(t) = \alpha'(t) \times \alpha''(t)\big/\bigl(\kappa(t)\|\alpha'(t)\|^3\bigr).$$
よって，$\langle\alpha'(t),\alpha'(t)\times\alpha''(t)\rangle = \langle\alpha''(t),\alpha'(t)\times\alpha''(t)\rangle = 0$ に注意して
$$\tau(t) = \langle d\boldsymbol{e}_2(t)/ds, \boldsymbol{e}_3(t)\rangle = \langle\|\alpha'(t)\|^{-1}(d\boldsymbol{e}_2(t)/dt),\boldsymbol{e}_3(t)\rangle$$
$$= \frac{\langle\alpha'(t)\times\alpha''(t),\alpha'''(t)\rangle}{\|\alpha'(t)\times\alpha''(t)\|^2} = \frac{|\alpha'(t)\ \alpha''(t)\ \alpha'''(t)|}{\|\alpha'(t)\times\alpha''(t)\|^2}.$$

11. 問題 **10** の結果を適用すれば容易に求まる．答えは
$$\kappa(t) = \frac{\left(a^2b^2 + c^2(a^2\cos^2 t + b^2\sin^2 t)\right)^{1/2}}{\left(a^2\sin^2 t + b^2\cos^2 t + c^2\right)^{3/2}},$$
$$\tau(t) = \frac{abc}{a^2b^2 + c^2\left(a^2\cos^2 t + b^2\sin^2 t\right)}$$
となり，$a = b$ のときは例 12.1 の結果と一致することに注意．

12. (1) 定義より，$t \neq 0$ のとき α が滑らかなのは明らか．
まず，$\lim_{t\to\pm 0}\alpha(t) = (0,0,0)$ であるから，$t = 0$ において α は連続．次に，
$$\alpha'(t) = \begin{cases}(1, 0, 2t^{-3}e^{-1/t^2}), & t > 0 \\ (1, 2t^{-3}e^{-1/t^2}, 0), & t < 0\end{cases}$$
とロピタルの定理から，$\lim_{t\to\pm 0}\alpha'(t) = (1,0,0)$．他方，
$$\lim_{t\to +0}\frac{\alpha(t) - \alpha(0)}{t} = \lim_{t\to +0}(1, 0, t^{-1}e^{-1/t^2}) = (1,0,0),$$
$$\lim_{t\to -0}\frac{\alpha(t) - \alpha(0)}{t} = \lim_{t\to -0}(1, t^{-1}e^{-1/t^2}, 0) = (1,0,0)$$

であるから，$t=0$ において $\alpha'(t)$ が存在し連続．ゆえに α は C^1 級．

以下，問題 **1** の場合と同様に数学的帰納法により，α が $t=0$ においても滑らかであり，$n \geq 2$ のとき $\alpha^{(n)}(0) = (0,0,0)$ となることを示すことができる．一方，

$$\|\alpha'(t)\| = \begin{cases} \sqrt{1 + 4t^{-6}e^{-1/t^4}}, & t \neq 0 \\ 1, & t = 0 \end{cases}$$

より $\alpha'(t) \neq 0$．よって α は正則な曲線である．

(2) (1) の結果から $\alpha''(0) = 0$．よって $\kappa(0) = 0$．

$t \neq 0$ のとき，定義より

$$\alpha''(t) = \begin{cases} (0, 0, 2t^{-6}(2-3t^2)e^{-1/t^2}), & t > 0 \\ (0, 2t^{-6}(2-3t^2)e^{-1/t^2}, 0), & t < 0 \end{cases}$$

であるから

$$\alpha'(t) \times \alpha''(t) = \begin{cases} (0, 2t^{-6}(2-3t^2)e^{-1/t^2}, 0), & t > 0 \\ (0, 0, 2t^{-6}(2-3t^2)e^{-1/t^2}), & t < 0. \end{cases}$$

したがって，$\|\alpha'(t) \times \alpha''(t)\| = 2t^{-6}|2-3t^2|e^{-1/t^2}$．問題 **10** の結果から，$\kappa(t) = 0 \Leftrightarrow \|\alpha'(t) \times \alpha''(t)\| = 0$ であるから，$t \neq 0, \pm\sqrt{2/3}$ のとき $\kappa(t) > 0$．

(3) $t \neq 0$ のとき，定義より

$$\alpha'''(t) = \begin{cases} (0, 0, 4t^{-9}(2 - 9t^2 + 6t^4)e^{-1/t^2}), & t > 0 \\ (0, 4t^{-9}(2 - 9t^2 + 6t^4)e^{-1/t^2}, 0), & t < 0 \end{cases}$$

であるから，$\langle \alpha'(t) \times \alpha''(t), \alpha'''(t) \rangle = 0$．よって問題 **10** の結果から，$t \neq 0$ のとき $\tau(t) = 0$．

13. テーラー展開の公式から

$$\alpha(s) = \alpha(s_0) + (s - s_0)\alpha'(s_0) + \frac{(s-s_0)^2}{2}\alpha''(s_0)$$
$$+ \frac{(s-s_0)^3}{3!}\alpha'''(s_0) + \cdots.$$

一方，$\kappa > 0$ であることとフレネ・セレーの公式から

$$\alpha'(s_0) = \boldsymbol{e}_1(s_0), \quad \alpha''(s_0) = \kappa(s_0)\boldsymbol{e}_2(s_0),$$
$$\alpha'''(s_0) = \kappa'(s_0)\boldsymbol{e}_2(s_0) - \kappa(s_0)^2\boldsymbol{e}_1(s_0) + \kappa(s_0)\tau(s_0)\boldsymbol{e}_3(s_0).$$

これらを上式に代入して求める式をえる．

14. (1) $A(t)$ は n 次直交行列であるから，${}^t\!A(t)A(t) = I_n$．ここに ${}^t\!A$ は行列 A の転置行列をあらわし，I_n は n 次単位行列である．この式を微分することにより，${}^t\!A'(t)A(t) + {}^t\!A(t)A'(t) = 0$（零行列）をえる．ここで $A(0) = I_n$ であるから，${}^t\!A'(0) + A'(0) = 0$．したがって $A'(0)$ は n 次交代行列となる．

(2) $\alpha : I \to \boldsymbol{R}^3$ を弧長でパラメーター表示された正則な空間曲線とし，任意の $s \in I$ に対して $\kappa(s) > 0$ とする．このとき，α のフレネ標構 $\{\boldsymbol{e}_1(s), \boldsymbol{e}_2(s), \boldsymbol{e}_3(s)\}$ は $\boldsymbol{R}^3$ の正規直交基底をなすので，$A(s){}^t\!A(s) = I_n$ がなりたつ．ただし，$A(s)$ は各 $\boldsymbol{e}_i(s)$ を行ベクトルとみなし，$A(s) = {}^t(\boldsymbol{e}_1(s)\ \boldsymbol{e}_2(s)\ \boldsymbol{e}_3(s))$ であたえられる 3×3 行列である．この式を s について微分すると，$A'(s){}^t\!A(s) + A(s){}^t\!A'(s) = 0$．よって $A'(s){}^t\!A(s)$ は交代行列である．したがって，ある関数 $a, b, c : I \to \boldsymbol{R}$ が存在して

$$A'(s){}^t\!A(s) = \begin{pmatrix} 0 & a(s) & b(s) \\ -a(s) & 0 & c(s) \\ -b(s) & -c(s) & 0 \end{pmatrix}$$

とあらわされ，結局

$$A'(s) = \begin{pmatrix} 0 & a(s) & b(s) \\ -a(s) & 0 & c(s) \\ -b(s) & -c(s) & 0 \end{pmatrix} A(s)$$

をえる．よって

$$\frac{d}{ds}\begin{pmatrix} \boldsymbol{e}_1(s) \\ \boldsymbol{e}_2(s) \\ \boldsymbol{e}_3(s) \end{pmatrix} = \begin{pmatrix} 0 & a(s) & b(s) \\ -a(s) & 0 & c(s) \\ -b(s) & -c(s) & 0 \end{pmatrix} \begin{pmatrix} \boldsymbol{e}_1(s) \\ \boldsymbol{e}_2(s) \\ \boldsymbol{e}_3(s) \end{pmatrix}.$$

しかるに，曲率と捩率の定義より $\boldsymbol{e}_1'(s) = \kappa(s)\boldsymbol{e}_2(s)$ および $\langle \boldsymbol{e}_2'(s), \boldsymbol{e}_3(s) \rangle = \tau(s)$ であるので，これより $a(s) = \kappa(s)$, $b(s) = 0$, $c(s) = \tau(s)$ であることがわかる．よって，フレネ・セレーの公式

$$\frac{d}{ds}\begin{pmatrix} \boldsymbol{e}_1(s) \\ \boldsymbol{e}_2(s) \\ \boldsymbol{e}_3(s) \end{pmatrix} = \begin{pmatrix} 0 & \kappa(s) & 0 \\ -\kappa(s) & 0 & \tau(s) \\ 0 & -\tau(s) & 0 \end{pmatrix} \begin{pmatrix} \boldsymbol{e}_1(s) \\ \boldsymbol{e}_2(s) \\ \boldsymbol{e}_3(s) \end{pmatrix}$$

をえる．

15. (1) $\kappa(s) > 0$ より $(\alpha')'(s) = \alpha''(s) \neq 0$．また α が滑らかな曲線なので，α' も滑らかな曲線である．よって $\alpha' : I \to S^2 \subset \boldsymbol{R}^3$ は S^2 内の正則な曲線となる．

(2) σ の定義より
$$\sigma(s) = \int_0^s \|\alpha''(s)\|ds = \int_0^s \kappa(s)ds.$$
したがって，$(d\sigma/ds)(s) = \kappa(s)$.

16. 単位球面 S^2 上の点 $P \in S^2$ に対して S^2 上の開集合 $B(P, \pi/4)$ を
$$B(P, \pi/4) = \left\{ Q \in S^2 \mid \widehat{PQ} < \pi/4 \right\}$$
で定義する．このとき次がなりたつ．

補題 1：$B(P, \pi/4)$ 上の点 $Q \neq P$ と点 P を結ぶ $B(P, \pi/4)$ 内の曲線で長さが最も短いものは，この 2 点を通る大円弧である．

補題 1 の証明．P と Q を結ぶ曲線 α の長さを $L(\alpha)$ であらわす．適当に S^2 の回転を施すことによって，$P = (-1, 0, 0)$ かつ P と Q は S^2 の同じ経線上にあるとしてよい．このとき，球座標により
$$\left\{ (\cos\theta\cos\varphi, \sin\theta\cos\varphi, \sin\varphi) \in S^2 \left| \frac{3\pi}{4} < \theta < \frac{5\pi}{4}, -\frac{\pi}{4} < \varphi < \frac{\pi}{4} \right. \right\}$$
で定義される S^2 上の開集合に $B(P, \pi/4)$ は含まれる．そこで，点 P と Q を結ぶ曲線 $\alpha : [0, 1] \to B(P, \pi/4) \subset S^2$ を
$$\alpha(t) = (\cos\theta(t)\cos\varphi(t), \sin\theta(t)\cos\varphi(t), \sin\varphi(t))$$
と球座標を用いてパラメーター表示する．このとき，仮定から $\theta(0) = \theta(1) = \pi$ であり，$\theta(t)$ と $\varphi(t)$ は $3\pi/4 < \theta(t) < 5\pi/4$ および $-\pi/4 < \varphi(t) < \pi/4$ の範囲で一意的に定まる．

いま，$B(P, \pi/4)$ 内の曲線 $\alpha_0 : [0, 1] \to B(P, \pi/4) \subset S^2$ を
$$\alpha_0(t) = (\cos\theta(0)\cos\varphi(t), \sin\theta(0)\cos\varphi(t), \sin\varphi(t))$$
で定義すると，α_0 は P と Q を結ぶ大円弧であり，
$$L(\alpha) = \int_0^1 \|\alpha'(t)\|dt = \int_0^1 \sqrt{\theta'(t)^2 \cos^2\varphi(t) + \varphi'(t)^2}\,dt$$
$$\geq \int_0^1 |\varphi'(t)|dt = \int_0^1 \|\alpha_0'(t)\|dt = L(\alpha_0)$$
となる．またこの式で等号がなりたつのは，α が α_0 と一致する場合に限られる．したがって，大円弧 α_0 が 2 点 P, Q を結ぶ最短線である．

補題 2：どの 2 点も対心点ではなく，かつ同じ大円上にはない 3 点 $P, Q, R \in S^2$ をとる．このとき，これらを結ぶ大円弧の長さに関して $\widehat{PQ} < \widehat{QR} + \widehat{RP}$ がなりたつ．

この補題がなりたつことを仮定し，問題の解答に入る．

2 点 $P, Q \in S^2$ を任意にとり，$\alpha : I = [0, l] \to S^2$ を P と Q を結ぶ滑らかな曲線で大円弧ではないものとする．α の像 $\alpha(I)$ はコンパクト集合であるから，区間 $I = [0, l]$ の分割 $0 = t_0 < t_1 < \cdots < t_{k-1} < t_k = l$ が存在して，$\alpha(I) \subset \bigcup B(t_i, \pi/4)$ かつ $\{\alpha(t_i) \mid i = 0, \ldots, k\}$ のどの 2 点も対心点でないようにできる．さらに分割 $0 = s_0 < s_1 < \cdots < s_{2k-1} < s_{2k} = l$ を，$s_{2i} = t_i$ かつ $\alpha(s_{2i+1}) \in B(t_i, \pi/4) \cap B(t_{i+1}, \pi/4)$ であり，$\{\alpha(s_i) \mid i = 0, \ldots, 2k\}$ のどの 2 点も対心点でないようにとる．

このとき，$P_{2i}, P_{2i+1} \in B(t_i, \pi/4)$，$P_{2i+1}, P_{2i+2} \in B(t_{i+1}, \pi/4)$ なので，補題 1 から $\widehat{P_j P_{j+1}} \leq L(\alpha|[s_j, s_{j+1}])$ がなりたつ．しかも，α は大円弧でないので，ある j_0 で $\alpha|[s_{j_0}, s_{j_0+1}]$ が大円の一部分とならないものが存在する．よって $\widehat{P_{j_0} P_{j_0+1}} < L(\alpha|[s_{j_0}, s_{j_0+1}])$ となる．したがって，β_j を P_j と P_{j+1} を結ぶ大円弧とし，$\beta = \bigcup \beta_j$ とすれば，β は P と Q を結ぶ区分的に滑らかな曲線で，$L(\beta) < L(\alpha)$ がなりたつ．

いま，3 点 P_0, P_1, P_2 が同じ大円の上になければ，$\beta_0 \cup \beta_1$ を P_0 と P_2 を結ぶ大円の一部分 γ_1 と取り替える．このとき，補題 2 から $L(\gamma_1) < L(\beta_0) + L(\beta_1)$．もし 3 点 P_0, P_1, P_2 が同じ大円の上にあれば，$\gamma_1 = \beta_0 \cup \beta_1$ は大円の一部分になる．このときは $L(\gamma_1) = L(\beta_0) + L(\beta_1)$ がなりたつ．次に 3 点 P_0, P_2, P_3 が同じ大円の上になければ，$\gamma_1 \cup \beta_2$ を P_0 と P_3 を結ぶ大円の一部分 γ_2 と取り替える．このとき，ふたたび補題 2 から $L(\gamma_2) < L(\gamma_1) + L(\beta_2)$．以下この操作を繰り返し，最終的には $P = P_0$ と $Q = P_{2k}$ を結ぶ大円の一部分 γ がえられ，$L(\gamma) \leq L(\beta) < L(\alpha)$ がなりたつ．

以上から，2 点 $P, Q \in S^2$ を結ぶ曲線 α が大円弧でなければ，それよりも短い大円の一部分で，あたえられた 2 点 $P, Q \in S^2$ を結ぶものが存在する．P, Q が対心点でなければ，これらを結ぶ大円が一意的に定まり，この大円が P, Q によって分けられる部分のうち短い方が大円弧なので，結局大円弧が長さが最も短いことがわかる．

17. 接線標形 $\alpha' : I \to S^2 \subset \mathbf{R}^3$ の像 $\alpha'(I)$ が含まれる大円は，$\mathbf{R}^3$ の原点を通る平面 P と球面 S^2 の交わりとしてえられているとする．この平面 P の単位法ベクトルを $\boldsymbol{n}$ とすると，仮定より任意の $s \in I$ について $\langle \alpha'(s), \boldsymbol{n} \rangle = 0$ がなりたつ．したがって

$$0 = \int_0^s \langle \alpha'(u), \boldsymbol{n} \rangle du = \langle \alpha(s) - \alpha(0), \boldsymbol{n} \rangle, \quad s \in I$$

をえる．よって，$\alpha(I)$ は $\alpha(0)$ を通り P と平行な平面に含まれる．

18. α の全曲率 $K(\alpha)$ は，α の接線標形 $\alpha' : I \to S^2 \subset \mathbf{R}^3$ の長さ l に他ならないことに注意．

補題 14.1 より，接線標形 α' の像 $\alpha'(I)$ は S^2 のどの開半球にも含まれない．したがって，次の 2 つの場合が起こりうる．

(1)　α' の像 $\alpha'(I)$ は S^2 のある閉半球に含まれる．
(2)　$\alpha'(I)$ は S^2 のどの閉半球にも含まれない．

(1) のときは，補題 14.1 より，$\alpha'(I)$ は閉半球の境界の大円に含まれる．したがって問題 **17** の結果から，α はある平面内の単純閉曲線である．このとき系 9.1 より，α の接線標形 α' は S^1 への全射となるから，$K(\alpha) = l \geq 2\pi$．

(2) のときは，$\alpha'(I)$ は S^2 の任意の大円と少なくとも 2 点で交わる．すなわち

$$\mathcal{S} = \{W \in S^2 \mid W^{\perp} \cap \alpha'(I) \neq \emptyset\} = S^2$$

であり，任意の $W \in S^2$ に対して $n(W) \geq 2$．したがって，クロフトンの公式から

$$4l = \int_{\mathcal{S}} n(W) dA \geq 2 \int_{S^2} dA = 8\pi.$$

よって $K(\alpha) = l \geq 2\pi$．

19. (1)　常螺旋の端を下図のようにつないだ閉曲線を考えれば，例 12.1 でみたように，巻き付く半径とピッチを調節すれば，常螺旋の捩率は任意の値をとることができる．したがって，全捩率も任意の値をとることができる．

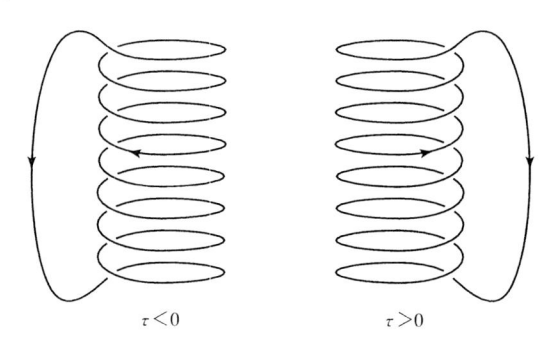

$\tau < 0$　　　　$\tau > 0$

図 **57**

(2)　$\alpha : I = [0, l] \to \boldsymbol{R}^3$ のフレネ標構 $\{\boldsymbol{e}_1(s), \boldsymbol{e}_2(s), \boldsymbol{e}_3(s)\}$ を用いて

$$\alpha(s) = a(s)\boldsymbol{e}_1(s) + b(s)\boldsymbol{e}_2(s) + c(s)\boldsymbol{e}_3(s), \quad s \in I$$

とあらわすことができる．このとき，つねに $\alpha(s) \in S^2$ すなわち $\|\alpha(s)\| = 1$ であるから，$a(s) = \langle \alpha(s), e_1(s) \rangle = \langle \alpha(s), \alpha'(s) \rangle = 0$．また，フレネ・セレーの公式から

$$\alpha'(s) = b'(s)e_2(s) + b(s)e_2'(s) + c'(s)e_3(s) + c(s)e_3'(s)$$
$$= -\kappa(s)b(s)e_1(s) + (b'(s) - c(s)\tau(s))e_2(s)$$
$$+ (c'(s) + b(s)\tau(s))e_3(s).$$

したがって $\|\alpha(s)\| = 1$ とあわせて，次の4式をえる．

(1) $\qquad b(s)^2 + c(s)^2 = 1,$
(2) $\qquad \kappa(s)b(s) = -1,$
(3) $\qquad b'(s) - c(s)\tau(s) = 0,$
(4) $\qquad c'(s) + b(s)\tau(s) = 0.$

(2) と $\kappa(s) > 0$ より，$b(s) < 0$．よって (1) より，$b(s) = -\sqrt{1 - c(s)^2}$．これを (4) へ代入して，$\tau(s) = c'(s)/\sqrt{1 - c(s)^2}$ をえるから，

$$\int_0^l \tau(s)ds = \int_0^l \frac{c'(s)}{\sqrt{1 - c(s)^2}}ds = \Big[\arcsin c(s)\Big]_0^l$$
$$= \arcsin c(l) - \arcsin c(0) = 0.$$

また (2) と (4) から，$c'(s) = \tau(s)/\kappa(s)$．したがって

$$\int_0^l \frac{\tau(s)}{\kappa(s)}ds = \int_0^l c'(s)ds = 0$$

もわかる．

問題 3

1. まず次のことに注意しよう．

補題．$\gamma_0, \gamma_1 : [a,b] \to S^1$ を S^1 内の閉じた道とする．このとき，連続写像 $F : [a,b] \times [0,1] \to S^1$ で

$$F(t,0) = \gamma_0(t), \quad F(t,1) = \gamma_1(t), \quad t \in [a,b]$$

となるものが存在すれば，$d(\gamma_0) = d(\gamma_1)$，すなわち γ_1 と γ_2 の回転数は等しい．

補題の証明．γ_0 と γ_1 の始点（基点）が一致している場合は，定理 4.2 ですでに示した通り．そこで，

$$\gamma_0(a) = (\cos\theta_0, \sin\theta_0), \ \gamma_1(a) = (\cos\theta_1, \sin\theta_1), \quad 0 \le \theta_1 < \theta_0 < 2\pi$$

としよう．このとき，原点のまわりに角度 $\theta = \theta_0 - \theta_1$ だけ回転する変換を R_θ とし，$\tilde{\gamma}_1 = R_\theta \circ \gamma_1$ とおけば，明らかに $d(\tilde{\gamma}_1) = d(\gamma_1)$. また $\tilde{\gamma}_1(a) = \gamma_0(a)$ であるから，写像 $\tilde{F} : [a,b] \times [0,1] \to S^1$ を

$$\tilde{F}(t,u) = \begin{cases} F(t, 2u), & u \in [0, 1/2] \\ (R_{(2u-1)\theta} \circ \gamma_1)(t), & u \in [1/2, 1] \end{cases}$$

で定めれば，$\tilde{F}$ は γ_0 と $\tilde{\gamma}_1$ の間の基点を止めたホモトピーをあたえる．よって，$d(\gamma_0) = d(\tilde{\gamma}_1) = d(\gamma_1)$.

さて，ルーシェの定理の証明に入ろう．$\alpha, \beta : [a,b] \to \mathbf{R}^2$ に対して

$$\varphi_\alpha(t) = \frac{\alpha(t) - p_0}{\|\alpha(t) - p_0\|}, \quad \varphi_\beta(t) = \frac{\beta(t) - p_0}{\|\beta(t) - p_0\|}, \quad t \in [a,b]$$

とおくと，$\varphi_\alpha, \varphi_\beta$ は単位円周 S^1 への写像を定め

$$\|\varphi_\alpha(t) - \varphi_\beta(t)\|^2 = 2\left(1 - \frac{\langle \alpha(t) - p_0, \beta(t) - p_0 \rangle}{\|\alpha(t) - p_0\| \|\beta(t) - p_0\|}\right).$$

ここで，条件 $\|\alpha(t) - \beta(t)\| < \|\alpha(t) - p_0\|$ より

$$\frac{\langle \alpha(t) - p_0, \beta(t) - p_0 \rangle}{\|\alpha(t) - p_0\| \|\beta(t) - p_0\|} > -1.$$

実際，左辺 $= -1$ となったとすると，$\alpha(t) - p_0 = -(\beta(t) - p_0)$ となるが，これを変形して $\alpha(t) - \beta(t) = 2(\alpha(t) - p_0)$ をえる．したがって

$$\|\alpha(t) - \beta(t)\| = 2\|\alpha(t) - p_0\| \geq \|\alpha(t) - p_0\|$$

となり仮定に矛盾する．よって，$\|\varphi_\alpha(t) - \varphi_\beta(t)\| < 2$. ゆえに，命題 4.1 の証明と同様にして，任意の $(t,u) \in [a,b] \times [0,1]$ に対して $(1-u)\varphi_\alpha(t) + u\varphi_\beta(t) \neq 0$ をえる．したがって，連続写像 $F : [a,b] \times [0,1] \to S^1$ を

$$F(t,u) = \frac{(1-u)\varphi_\alpha(t) + u\varphi_\beta(t)}{\|(1-u)\varphi_\alpha(t) + u\varphi_\beta(t)\|}, \quad (t,u) \in [a,b] \times [0,1]$$

で定義すれば，$F(t,0) = \varphi_\alpha(t)$ かつ $F(t,1) = \varphi_\beta(t)$ であり，F は φ_α から φ_β へのホモトピーをあたえる．よって上の補題より，$d(\varphi_\alpha) = d(\varphi_\beta)$. ゆえに $w(\alpha, p_0) = w(\beta, p_0)$.

2. まず次の補題を示す．

補題． 連続関数 $f : \mathbf{C} \to \mathbf{C}$ と $\beta_r(t) = (r\cos t, r\sin t)$ で定義される閉曲線 $\beta_r : [0, 2\pi] \to \mathbf{C}$ に対して，$\alpha_r(t) = (f \circ \beta_r)(t)$ とおく．このとき，もしある $r > 0$ に対して $d(\alpha_r) \neq 0$ がなりたつならば，$f(z_0) = 0$ となる $z_0 \in \mathbf{C}$ が存在する．

補題の証明：$0 \notin f(\boldsymbol{C})$ であると仮定する．このとき，任意の $t \in [0, 2\pi]$ と任意の $r > 0$ に対して，$\alpha_r(t) \neq 0$ がなりたつ．そこで，S^1 への写像 $\varphi_r(t) : [0, 2\pi] \to S^1$ を

$$\varphi_r(t) = \frac{\alpha_r(t)}{\|\alpha_r(t)\|}, \quad t \in [0, 2\pi]$$

で定義する．さらに $r > 0$ と $R > 0$ に対して，写像 $F : [0, 2\pi] \times [0, 1] \to \boldsymbol{C}$ を

$$F(t, u) = (((1-u)r + uR)\cos t, ((1-u)r + uR)\sin t)$$

で定め，これを用いて S^1 への写像 $\tilde{F} : [0, 2\pi] \times [0, 1] \to S^1$ を

$$\tilde{F}(t, u) = \frac{(f \circ F)(t, u)}{\|(f \circ F)(t, u)\|}, \quad (t, u) \in [0, 2\pi] \times [0, 1]$$

で定義すれば，$\tilde{F} : [0, 2\pi] \times [0, 1] \to S^1$ は連続写像であり

$$\tilde{F}(t, 0) = \varphi_r(t), \quad \tilde{F}(t, 1) = \varphi_R(t)$$

がなりたつ．したがって，φ_r と φ_R は S^1 内の閉じた道としてホモトープとなる．よって $d(\alpha_r) = d(\alpha_R)$，すなわち $d(\alpha_r)$ は $r > 0$ に依存しない定数であることがわかる．

さて，$p_0 = f(0)$ とすれば，仮定より $p_0 \neq 0$．そこで $\epsilon > 0$ を，$\epsilon < \|p_0\|$ となるようにとる．写像 f は $\boldsymbol{C}$ 内の任意のコンパクト集合上で一様連続であるので，$B_r(q) = \{p \in \boldsymbol{C} \mid \|p - q\| < r\}$ とおくとき，ある $\delta > 0$ が存在して $f(\overline{B_\delta(0)}) \subset B_\epsilon(p_0)$ となる．ここで，$\beta_\delta([0, 2\pi]) = \partial B_\delta(0)$ に注意すれば，$\alpha_\delta([0, 2\pi]) = f(\beta_\delta([0, 2\pi])) \subset B_\epsilon(p_0)$ となることがわかる（下図参照）．一方，$0 \notin B_\epsilon(p_0)$ であるので，§15 の最後で用いた議論と同様にして，容易に $d(\alpha_\delta) = 0$ となることがわかる．

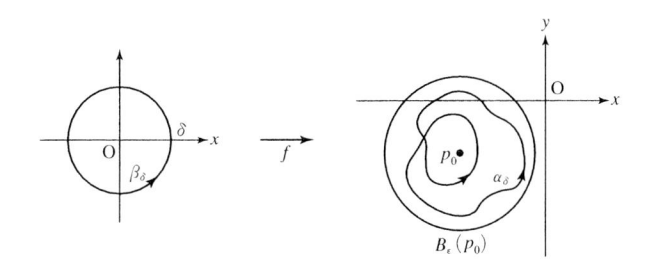

図 58

以上をまとめて，もし $0 \notin f(\boldsymbol{C})$ ならば，任意の $r > 0$ に対して $d(\alpha_r) = 0$ となることがわかる．ゆえに補題がなりたつ．

さて，代数学の基本定理の証明に入ろう．

複素係数の n 次多項式 $f(z) = z^n + a_1 z^{n-1} + \cdots + a_{n-1} z + a_n$ $(a_i \in \boldsymbol{C})$ に対して，$f_u(z) = z^n + u(a_1 z^{n-1} + \cdots + a_{n-1} z + a_n)$ とおく．また，$t \in [0, 2\pi]$ と $R > 0$ に対して，$\gamma(t) = (R\cos t, R\sin t)$ とおき，$\boldsymbol{R}^2$ 内の閉曲線 $\gamma_u : [0, 2\pi] \to \boldsymbol{R}^2$ を $\gamma_u(t) = (f_u \circ \gamma)(t)$ で定義する．

いま，$R > 0$ を $|a_1| R^{n-1} + \cdots + |a_{n-1}| R + |a_n| < R^n$ となるように十分大きくとる．このとき，$u_1, u_2 \in \boldsymbol{R}$ に対して

$$\|\gamma_{u_1}(t) - \gamma_{u_2}(t)\| \leq |u_1 - u_2| \sum_{i=1}^{n} |a_i| R^{n-i} < |u_1 - u_2| R^n.$$

したがってとくに，$\|\gamma_0(t) - \gamma_1(t)\| < R^n = \|\gamma_0(t) - 0\|$. よって前問の結果から，$w(\gamma_0, 0) = w(\gamma_1, 0)$.

一方，$\gamma_0(t) = (R\cos nt, R\sin nt)$ であるから，$w(\gamma_0, 0) = n$. したがって $w(\gamma_1, 0) \neq 0$. ゆえに補題から，$f(z_0) = 0$ となる $z_0 \in \boldsymbol{C}$ が存在する．

3. 背理法により証明する．すなわち，$\{U_\lambda \mid \lambda \in \Lambda\}$ をコンパクト集合 $A \subset \boldsymbol{R}^2$ の開被覆とするとき，$\|p - q\| < \delta$ であるが，$p, q \in U_\lambda$ となる $\lambda \in \Lambda$ が存在しないような 2 点 $p, q \in A$ が，任意の正数 $\delta > 0$ に対して存在すると仮定して，矛盾を導く．

さて，$\delta = 1/n$ $(n \in \boldsymbol{N})$ に対して，点 $p_n, q_n \in A$ を $\|p_n - q_n\| < 1/n$ かつ $p_n, q_n \in A_\lambda$ となる $\lambda \in \Lambda$ が存在しないようにとることにより，点列 $\{p_n\}, \{q_n\}$ がえられる．このとき，A はコンパクト集合なので，ある点 $p, q \in A$ が存在して，$p_n \to p, q_n \to q$ $(n \to \infty)$ となるが，$\|p_n - q_n\| < 1/n$ であるから，$p = q$ でなければならない．そこで，点 p が含まれる開集合の 1 つを U_μ とすると，ある正数 $r > 0$ が存在して，$\{x \in A \mid \|x - p\| < r\} \subset U_\mu$ となる．一方，十分大きい自然数 N をとれば，$\|p_N - p\| < r$ かつ $\|q_N - p\| < r$ とできるので，$p_N, q_N \in U_\mu$ となるが，これは p_N, q_N のとり方に矛盾する．よって，問題の条件をみたす正数 $\delta > 0$ が存在する．

4. $F = F(t, u)$ が $\alpha = f_0(t)$ から $\beta = f_1(t)$ へのホモトピーとなることは，F の定義より容易に確かめられる．

一方，$f_u(t) = (\cos 2\pi t - u \sin 4\pi t, \sin 2\pi t - u + u \cos 4\pi t)$ であるから

$$f'_u(t) = 2\pi(-\sin 2\pi t - 2u \cos 4\pi t, \cos 2\pi t - 2u \sin 4\pi t),$$
$$\|f'_u(t)\|^2 = 4\pi^2 \left((1 - 2u)^2 + 4u(1 - \sin 2\pi t)\right).$$

したがって，$\|f'_{1/2}(1/4)\|^2 = 0$ となり，$f_{1/2} : I \to \boldsymbol{R}^2$ は正則な曲線ではない（図 59 左）．よって $F : I \times I \to \boldsymbol{R}^2$ は正則ホモトピーではない．

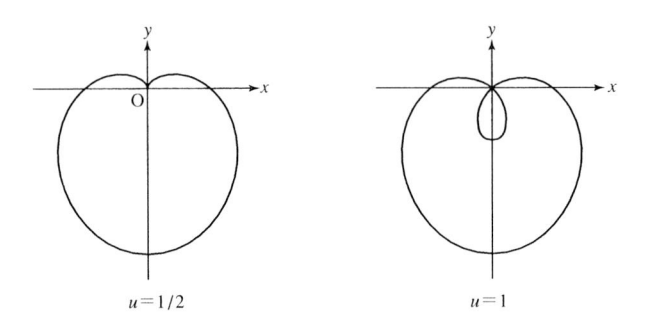

図 59

5. α と β の回転指数がともに 1 であることは容易に確かめられる.

β から α への正則ホモトピーについては，たとえば図 60 のように変形していけばよい．それぞれの変形において，実線部分は動いていないことに注意．

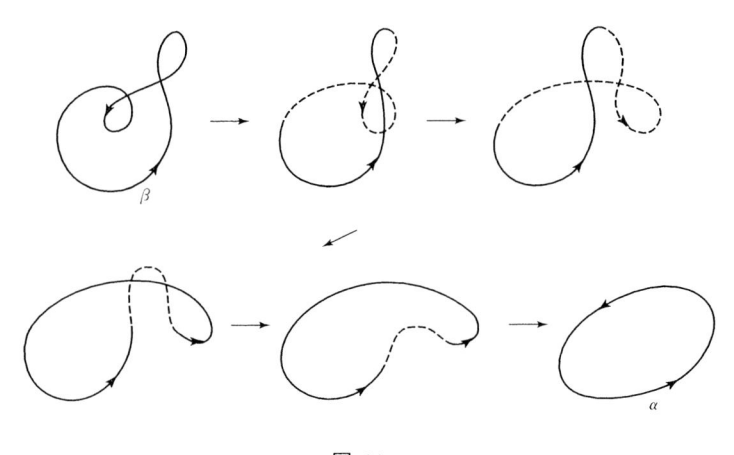

図 60

索　引

あ　行

位数 (order)　29, 32
ヴィルティンガーの不等式 (Wirtinger's inequality)　143
運動 (motion)　95
n 次元球面 (n-sphere)　35
n 次元トーラス (n-torus)　39

か　行

回転角 (rotation angle)　16
回転指数 (rotation index)　63
回転指数定理 (rotation index theorem)　66
回転数 (rotation number)　19, 29
開半球 (open hemisphere)　103
外部 (exterior)　69, 128
可縮 (contractible)　34
角点 (corner point)　20
管状近傍 (tubular neighborhood)　123
基点 (base point)　9
――の定められた空間 (space with a base point)　12
基本群 (fundamental group)　10
――の位相不変性 (topological invariance of fundamental groups)　14
――のホモトピー不変性 (homotopy invariance of fundamental groups)　45
逆の道 (inverse path)　6
曲線論の基本定理 (fundamental theorem of curves)　99
曲率 (curvature)　56, 84
曲率半径 (radius of curvature)　56, 91
距離 (distance)　25
空間曲線 (space curve)　47
区分的に正則な曲線 (piecewise regular curve)　54
区分的に滑らかな (piecewise smooth)　20
区分的に滑らかなホモトピー (piecewise smooth homotopy)　22
区分的に滑らかにホモトープ (piecewise smooth homotopic)　22
グリーンの公式 (Green's formula)　138
クロフトンの公式 (Crofton's formula)　111
懸垂線 (catenary)　61
合成 (composition)　3
弧状連結 (arcwise connected)　10
弧状連結成分 (arcwise connected component)　10
弧長 (arc length)　50

さ 行

三葉結び糸 (trefoil knot) 113
自然方程式 (natural equation) 101
始点 (initial point) 1
終点 (terminal point) 1
従法線ベクトル (binormal vector) 84
主法線ベクトル (principal normal vector) 84
常螺旋 (helix) 48
ジョルダン曲線 (Jordan curve) 69
ジョルダンの曲線定理 (Jordan curve theorem) 69, 125
正則な曲線 (regular curve) 48
正則な自由ホモトピー (regular free homotopy) 129
正則な滑らかな曲線 (regular smooth curve) 48
正則ホモトープ (regular homotopic) 130
正則ホモトピー (regular homotopy) 129
正の向き (positive orientation) 69
積 (product) 3, 4
接触平面 (osculating plane) 90
接線標形 (tangent indicatrix) 63, 102
接ベクトル (tangent vector) 47
全曲率 (total curvature) 102
線形 (linear) 140
線積分 (line integral) 138
全捩率 (total torsion) 119
測度 (measure) 110

た 行

大円 (great circle) 103
対心点 (antipodal point) 103
単純閉曲線 (simple closed curve) 62
単連結 (simply connected) 34
逐次近似法 (method of successive approximation) 141
頂点 (vertex) 74
直交変換 (orthogonal transformation) 93
定値の道 (constant path) 6
展直平面 (rectifying plane) 90
等周不等式 (isoperimetric inequality) 77
等周問題 (isoperimetric problem) 77
等長変換 (isometry) 93
閉じた道 (closed path) 9
凸集合 (convex set) 117
凸閉曲線 (convex closed curve) 70

な 行

内部 (interior) 69, 129
滑らかな曲線 (smooth curve) 46
滑らかな閉じた道 (smooth closed curve) 15

は 行

パラメーター (parameter) 46
　──の変換 (change of parameter) 50
パラメーター表示 (parametric representation) 46
ブーケの公式 (Bouquet's formula) 118
不動点 (fixed point) 39
ブラウアーの不動点定理 (Brower's fixed point theorem) 40
フレネ・セレーの公式 (Frenet-Serret's formula) 56, 87
フレネ標構 (Frenet frame) 55, 85
閉曲線 (closed curve) 62
閉半球 (closed hemisphere) 103
平面曲線 (plane curve) 47
変位レトラクト (deformation retract) 34
法線 (normal line) 123
法平面 (normal plane) 90
ホモトピー (homotopy) 2
ホモトピー同値 (homotopy equivalent) 45
ホモトピー類 (homotopy class) 2
ホモトープ (homotopic) 2

ま 行

巻き数 (winding number) 121
道 (path) 1
向きづけられた (oriented) 110
向きを変えた (reversely oriented) 51
結ばれていない (unknotted) 113
結ばれている (knotted) 113

や 行

誘導された準同型写像 (induced homomorphism) 13
四頂点定理 (four vertex theorem) 74

ら 行

卵形線 (oval) 70
立体射影 (stereographic projection) 44
リプシッツ条件 (Lipschitz condition) 140
ルーシェの定理 (Rouché's theorem) 137
ループ (loop) 9
ルベーグ数 (Lebesgue number) 137
零ホモトープ (null homotopic) 10
捩率 (torsion) 87
捩率半径 (radius of torsion) 91
レトラクション (retraction) 33
レトラクト (retract) 33
連続曲線 (continuous curve) 1

わ 行

ワイエルシュトラスの近似定理 (Weierstrass' approximation theorem) 44

著者略歴

西川青季（にしかわせいき）
1948年　京都府に生まれる
1973年　東京都立大学大学院理学研究科修士課程修了
現　在　東北大学大学院理学研究科教授・理学博士

新数学講座 5
幾　何　学　　　　　　　　　定価はカバーに表示
2002年 1月15日　初版第 1刷
2004年 4月10日　　第 2刷

　　　　　　　　　　　　著　者　西　川　青　季
　　　　　　　　　　　　発行者　朝　倉　邦　造
　　　　　　　　　　　　発行所　株式会社 朝 倉 書 店
　　　　　　　　　　　　東京都 新宿区 新小川町 6-29
　　　　　　　　　　　　郵 便 番 号 162-8707
　　　　　　　　　　　　電　話　03(3260)0141
　　　　　　　　　　　　FAX　03(3260)0180
　　　　　　　　　　　　http://www.asakura.co.jp
〈検印省略〉

Ⓒ 2002〈無断複写・転載を禁ず〉　　　　　中央印刷・渡辺製本

ISBN 4-254-11435-4　C 3341　　　　　　　Printed in Japan

◈ 新数学講座 ◈

田村一郎・木村俊房 編集

東海大 伊藤雄二著
新数学講座1
微分積分学
11431-1 C3341　A5判 312頁 本体4500円

微分積分学の論理的構成についてできるだけ正確かつわかりやすく解説されている。また計算機の発展に伴う数値計算の重要性を認識して数値計算、近似法について充分説明がなされ、線形代数とのつながりについても留意して解説されている

元東大 服部 昭著
新数学講座2
線型代数学
11432-X C3341　A5判 200頁 本体3500円

本書は大学課程でのテキストとなるよう基礎的事項を的確におさえ、例、演習問題にはとくに意を払ってまとめられている。〔内容〕ベクトル／行列／行列式／一般のベクトル空間／線型変換の分析／計量ベクトル空間の線型変換／多項式／他

九大 加藤十吉著
新数学講座3
集合と位相
11433-8 C3341　A5判 160頁 本体3200円

新鮮な感覚でまとめられた「集合と位相」への入門書。初学者のためにわかりやすくコンパクトに解説されており、大学のテキストとしても好個の書。〔内容〕集合と写像／距離空間と連続写像／位相空間と連続写像／コンパクト性と連続性／他

前阪大 永尾 汎著
新数学講座4
代数学
11434-6 C3341　A5判 208頁 本体3600円

群・環・体といった基本的な代数系について、その基礎理論をガロア理論まで含めて、簡潔かつ平易にまとめられている。また自習書として利用できるよう細かい配慮がなされている。〔内容〕基礎概念／群論／環論／体論／他

神戸大 高野恭一著
新数学講座6
常微分方程式
11436-2 C3341　A5判 216頁 本体3800円

大学理工系学生のための常微分方程式の入門書。前半部分では全般に入門的な内容を解説し、後半部分では複素領域における微分方程式、特にその基本的概念であるモノドロミー群やストークス現象について詳しく解説されているのが本書の特長

元東大 木村俊房・神戸大 高野恭一著
新数学講座7
関数論
11437-0 C3341　A5判 184頁 本体3500円

微積分の初歩的な知識があれば充分理解できるように、また物理学、工学系の読者にも役立つよう配慮をもってわかりやすくまとめられた関数論への入門書。多価関数についてのイメージがつかめるようていねいに解説されていることも特長

横市大 一樂重雄著
新数学講座8
位相幾何学
11438-9 C3341　A5判 192頁 本体3800円

位相幾何学のみならず数学の入門書としても学習できるようわかりやすく解説。〔内容〕位相空間論／フラクタルの基礎／基本群／ジョルダンの閉曲線定理／閉曲面の分類／ホモロジー／力学系とカオス…といった課題性のあるテーマを選定

東海大 伊藤雄二著
新数学講座10
確率論
11440-0 C3341　A5判 304頁 本体5200円

第一人者により丁寧に学び易く解説された入門書。〔内容〕σ-加法族と確率測度／確率変数、分布関数、期待値／条件付き確率と独立／大数の法則／特性関数と確率変数列の法則収束／ポアソン極限定理と中心極限定理／ランダムウォーク／他

多摩大 鈴木雪夫著
新数学講座11
統計学
11441-9 C3341　A5判 260頁 本体4000円

ベイズ統計学の立場から、分布論および回帰モデル、分類・判別モデル等モデル選択について例を用いて明快に解説。〔内容〕確率／確率変数／典型的な確率分布／統計的推論／線型回帰モデル／分類・判別モデル／統計的モデルの選択／他

上智大 和田秀男著
新数学講座12
計　算　数　学
11442-7　C3341　　　Ａ５判　180頁　本体3200円

計算機に関する数学の基礎から先端領域まですべてを，やさしく かつ完全に解説．〔内容〕数の表し方／機械語／論理回路／コンピュータの模型／素因数分解と暗号／多項式の素因数分解／符号理論／グレブナー基底／平方剰余の相互法則／他

前京大 一松　信著
新数学講座13
数　値　解　析
11443-5　C3341　　　Ａ５判　176頁　本体3400円

惰性的に使われている諸算法を整理し，標準的手法として推賞できるものを精選してわかりやすく丁寧に解説．〔内容〕数値計算／反復計算／固有値問題／代数方程式の数値解法／数値微分／常微分方程式の数値解法／数値の表現と誤差／他

明大 増田久弥著
新数学講座15
非　線　型　数　学
11445-1　C3341　　　Ａ５判　164頁　本体3500円

自然現象の解明に不可欠な非線型問題のいくつかの基礎的側面を，主として常微分方程式に例をとりながら簡潔明快に解説．〔内容〕基礎概念／不動点定理／写像度／変分的方法／分岐理論／KdV方程式と発展方程式／他

理科大 戸川美郎著
シリーズ〈数学の世界〉1
ゼロからわかる数学
――数論とその応用――
11561-X　C3341　　　Ａ５判　144頁　本体2500円

0, 1, 2, 3, …と四則演算だけを予備知識として数学における感性を会得させる数学入門書．集合・写像などは丁寧に説明して使える道具としてしまう．最終目的地はインターネット向きの暗号方式として最もエレガントなＲＳＡ公開鍵暗号

中大 山本　慎著
シリーズ〈数学の世界〉2
情　報　の　数　理
11562-8　C3341　　　Ａ５判　168頁　本体2800円

コンピュータ内部での数の扱い方から始めて，最大公約数や素数の見つけ方，方程式の解き方，さらに名前のデータの並べ替えや文字列の探索まで，コンピュータで問題を解く手順「アルゴリズム」を中心に情報処理の仕組みを解き明かす

早大 沢田　賢・早大 渡邊展也・学芸大 安原　晃著
シリーズ〈数学の世界〉3
社　会　科　学　の　数　学
――線形代数と微積分――
11563-6　C3341　　　Ａ５判　152頁　本体2500円

社会科学系の学部では数学を履修する時間が不十分であり，学生も高校であまり数学を学習していない．このことを十分考慮して，数学における文字の使い方などから始めて，線形代数と微積分の基礎概念が納得できるように工夫をこらした

早大 沢田　賢・早大 渡邊展也・学芸大 安原　晃著
シリーズ〈数学の世界〉4
社会科学の数学演習
――線形代数と微積分――
11564-4　C3341　　　Ａ５判　168頁　本体2500円

社会科学系の学生を対象に，線形代数と微積分の基礎が確実に身に付くように工夫された演習書．各章の冒頭で要点を解説し，定義，定理，例，例題と解答により理解を深め，その上で演習問題を与えて実力を養う．問題の解答を巻末に付す

専大 青木憲二著
シリーズ〈数学の世界〉5
経　済　と　金　融　の　数　理
――やさしい微分方程式入門――
11565-2　C3341　　　Ａ５判　160頁　本体2700円

微分方程式は経済や金融の分野でも広く使われるようになった．本書では微分積分の知識をいっさい前提とせずに，日常的な感覚から自然に微分方程式が理解できるように工夫されている．新しい概念や記号はていねいに繰り返し説明する

早大 鈴木晋一著
シリーズ〈数学の世界〉6
幾　何　の　世　界
11566-0　C3341　　　Ａ５判　152頁　本体2500円

ユークリッドの平面幾何を中心にして，図形を数学的に扱う楽しさを読者に伝える．多数の図と例題，練習問題を添え，談話室で興味深い話題を提供する．〔内容〕幾何学の歴史／基礎的な事項／3角形／円周と円盤／比例と相似／多辺形と円周

数学オリンピック財団 野口　廣著
シリーズ〈数学の世界〉7
数学オリンピック教室
11567-9　C3341　　　Ａ５判　140頁　本体2500円

数学オリンピックに挑戦しようと思う読者は，第一歩として何をどう学んだらよいのか．挑戦者に必要な数学を丁寧に解説しながら，問題を解くアイデアと道筋を具体的に示す．〔内容〕集合と写像／代数／数論／組み合せ論とグラフ／幾何

前東工大 志賀浩二著 数学30講シリーズ1 **微 分・積 分 30 講** 11476-1 C3341　A5判 208頁 本体3200円	〔内容〕数直線／関数とグラフ／有理関数と簡単な無理関数の微分／三角関数／指数関数／対数関数／合成関数の微分と逆関数の微分／不定積分／定積分／円の面積と球の体積／極限について／平均値の定理／テイラー展開／ウォリスの公式／他
前東工大 志賀浩二著 数学30講シリーズ2 **線 形 代 数 30 講** 11477-X C3341　A5判 216頁 本体3200円	〔内容〕ツル・カメ算と連立方程式／方程式，関数，写像／2次元の数ベクトル空間／線形写像と行列／ベクトル空間／基底と次元／正則行列と基底変換／正則行列と基本行列／行列式の性質／基底変換から固有値問題へ／固有値と固有ベクトル／他
前東工大 志賀浩二著 数学30講シリーズ3 **集 合 へ の 30 講** 11478-8 C3341　A5判 196頁 本体3200円	〔内容〕身近なところにある集合／集合に関する基本概念／可算集合／実数の集合／写像／濃度／連続体の濃度をもつ集合／順序集合／整列集合／順序数／比較可能定理，整列可能定理／選択公理のヴァリエーション／連続体仮設／カントル／他
前東工大 志賀浩二著 数学30講シリーズ4 **位 相 へ の 30 講** 11479-6 C3341　A5判 228頁 本体3200円	〔内容〕遠さ，近さと数直線／集積点／連続性／距離空間／点列の収束，開集合，閉集合／近傍と閉包／連続写像／同相写像／連結空間／ベールの性質／完備化／位相空間／コンパクト空間／分離公理／ウリゾーン定理／位相空間から距離空間／他
前東工大 志賀浩二著 数学30講シリーズ5 **解 析 入 門 30 講** 11480-X C3341　A5判 260頁 本体3200円	〔内容〕数直線の生い立ち／実数の連続性／関数の極限値／微分と導関数／テイラー展開／ベキ級数／不定積分から微分方程式へ／線形微分方程式／面積／定積分／指数関数再考／2変数関数の微分可能性／逆写像定理／2変数関数の積分／他
前東工大 志賀浩二著 数学30講シリーズ6 **複 素 数 30 講** 11481-8 C3341　A5判 232頁 本体3200円	〔内容〕負数と虚数の誕生まで／向きを変えることと回転／複素数の定義／複素数と図形／リーマン球面／複素関数の微分／正則関数と等角性／ベキ級数と正則関数／複素積分と正則性／コーシーの積分定理／一致の定理／孤立特異点／留数／他
前東工大 志賀浩二著 数学30講シリーズ7 **ベクトル解析 30 講** 11482-6 C3341　A5判 244頁 本体3200円	〔内容〕ベクトルとは／ベクトル空間／双対ベクトル空間／双線形関数／テンソル代数／外積代数の構造／計量をもつベクトル空間／基底の変換／グリーンの公式と微分形式／外微分の不変性／ガウスの定理／ストークスの定理／リーマン計量／他
前東工大 志賀浩二著 数学30講シリーズ8 **群 論 へ の 30 講** 11483-4 C3341　A5判 244頁 本体3200円	〔内容〕シンメトリーと群／群の定義／群に関する基本的な概念／対称群と交代群／正多面体群／部分群による類別／巡回群／整数と群／群と変換／軌道／正規部分群／アーベル群／自由群／有限的に表示される群／位相群／不変測度／群環／他
前東工大 志賀浩二著 数学30講シリーズ9 **ルベーグ積分 30 講** 11484-2 C3341　A5判 256頁 本体3200円	〔内容〕広がっていく極限／数直線上の長さ／ふつうの面積概念／ルベーグ測度／可測集合／カラテオドリの構想／測度空間／リーマン積分／ルベーグ積分へ向けて／可測関数の積分／可積分関数の作る空間／ヴィタリの被覆定理／フビニ定理／他
前東工大 志賀浩二著 数学30講シリーズ10 **固 有 値 問 題 30 講** 11485-0 C3341　A5判 260頁 本体3200円	〔内容〕平面上の線形写像／隠されているベクトルを求めて／線形写像と行列／固有空間／正規直交基底／エルミート作用素／積分方程式／フレードホルムの理論／ヒルベルト空間／閉部分空間／完全連続な作用素／スペクトル／非有界作用素／他

上記価格（税別）は2004年3月現在